高等职业院校互联网+新形态创新系列教材·计算机系列

U0168425

C 语言实例化教程(微课版)

张光桃 陈思维 薛 景 肖 铮 编著

清华大学出版社

北 京

内 容 简 介

C语言是编程者的入门语言，是很多计算机类专业学生的第一门编程语言。考虑到初学者对语言比较陌生，本书在内容编排上，通过实训作为引导，以任务涵盖知识点，以实例强化知识点，在实例和项目设计上由易到难，循序渐进，同时根据实际需要，项目设计遵循软件工程的思想，让初学者体验到程序开发的过程。

本书共分14章。第1章讲解C语言的基本知识及C语言的开发环境；第2～5章主要介绍C语言的基础知识，包括数据类型、运算符与表达式、程序设计的三大结构；第6～13章主要讲解C语言的核心内容，包括数组、函数、指针和字符串及文件等内容；第14章是综合实例，用一个学生成绩管理系统讲解如何用C语言开发管理系统。

本书对教师用户赠送电子课件、习题答案，同时对所有读者提供微视频、源代码，帮助读者及时地解决在学习过程中遇到的问题。

本书适合作为本科院校、高职院校、专科院校计算机相关专业程序设计类课程教材，也可作为初学者自学的参考用书，还可以作为相关培训机构程序设计类课程的培训教材。

图书在版编目(CIP)数据

C语言实例化教程：微课版/张光桃等编著. —北京：清华大学出版社，2022.3
高等职业院校互联网+新形态创新系列教材. 计算机系列
ISBN 978-7-302-59930-2

Ⅰ. ①C… Ⅱ. ①张… Ⅲ. ①C语言—程序设计—高等职业教育—教材 Ⅳ. ①TP312.8

中国版本图书馆CIP数据核字(2022)第009621号

责任编辑：桑任松
封面设计：杨玉兰
责任校对：李玉茹
责任印制：刘海龙

出版发行：清华大学出版社

网　　　址：http://www.tup.com.cn, http://www.wqbook.com
地　　　址：北京清华大学学研大厦A座　　邮　　编：100084
社 总 机：010-83470000　　邮　　购：010-62786544
投稿与读者服务：010-62776969, c-service@tup.tsinghua.edu.cn
质量反馈：010-62772015, zhiliang@tup.tsinghua.edu.cn
课件下载：http://www.tup.com.cn, 010-62791865

印 装 者：三河市君旺印务有限公司
经　　销：全国新华书店
开　　本：185mm×260mm　　印　　张：19.5　　字　　数：471千字
版　　次：2022年4月第1版　　印　　次：2022年4月第1次印刷
定　　价：55.00元

产品编号：093515-01

前　言

C 语言是一门面向过程的编译型语言，它的运行速度极快，仅次于汇编语言。C 语言是计算机产业的核心语言，操作系统、硬件驱动、关键组件、数据库等都离不开 C 语言。C 语言是一种经典的计算机语言，被计算机专业人员和应用人员广泛地使用，通常是计算机专业的第一门专业基础课，对培养学生的专业素养、专业兴趣意义重大。与其他语言相比，它有着无可比拟的优势。

◎　高效性：C 语言可以表现出通常只有汇编语言才具有的精细控制能力(汇编语言是为特定的 CPU 设计所采用的一组内部指令的助记符)，它充分利用了当前计算机在性能上的优点，程序往往紧凑且运行速度快。

◎　可移植性：C 语言在可移植性方面处于领先地位。C 编译器(将 C 代码转换为计算机内部可使用的指令的程序)在 40 多种系统上可用，包括从使用 8 位微处理器的计算机到 Cray 超级计算机。在一个系统上编写的 C 程序经过很少改动或不经修改就可以在其他系统上运行。

◎　强大的功能和灵活性：C 程序既可以用于解决数学、物理学等学科的基础计算，也可以用于解决工程学问题，甚至还可以用于开发影视特效，而且很多语言(如 FORTRAN、Perl、Python、Pascal、LISP、Logo 和 Basic)的许多编译器和解释器也都用 C 语言编写，这足以显示它的功能强大和广泛的应用性。

◎　面向编程人员：C 语言允许访问硬件，并可以操纵内存中的特定位。它具有丰富的运算符供选择，让人能够简洁地表达自己的意图。另外，多数 C 实现都有一个大型的库，其中包含有用的 C 函数，这些函数能够处理编程人员通常会面对的许多需求。

鉴于 C 语言在计算机专业中的地位和作用，作者编写了这本理念新颖、视角独特的 C 语言教材，以期引起大家思考。本教材的特点如下。

(1)　以培养读者的编程能力为宗旨。本教材着重强调用计算机解决问题的规律及如何把解决问题的步骤用 C 语言准确地描述出来。每道例题都给出以自然语言描述的算法及转化为何种 C 语句的提示。经试用，对学生读、写程序能力的培养效果明显。

(2)　注重启发读者思考。C 语言毕竟是与机器交流的工具，它的知识点都"有章可循"。让读者"死记硬背"这些知识点不仅枯燥，而且还会使读者产生厌学情绪。本教材结合当今微视频传播优势，为本书增加可观赏性和可交流性，增加学习的乐趣。

(3)　概念清晰。本教材对 C 语言中的重要概念都给出了新颖的定义或解释，这些定义既考虑科学的严谨性，又照顾到初学者的理解能力，保证读者能对 C 语言有醍醐灌顶的认识，抓住它的本质特征。

(4)　习题别具匠心。本教材不仅每章都有典型例题，而且习题部分也别具匠心。习题是一本教材的重要组成部分，好的练习题可以让读者百思不厌，回味无穷。作者在成千上万道 C 语言练习题中精挑细选，力争找出能使读者多思、精练的习题。习题均以启发读者思考、突破知识点、培养能力为目的，难度由浅入深，层层递进，兼顾各类读者。

总之，这是一本支持提问式、短视频式教学的全新的 C 语言教材。本教材共分 14 章，主要内容如下。

第 1 章：C 语言概述。主要介绍了 C 语言的发展过程、C 标准、算法的概念和特点、程序设计的基本步骤、Visual C++ 2010 集成开发环境，并通过程序举例介绍 C 语言程序的构成。

第 2 章：数据类型、运算符与表达式。主要介绍了 C 语言的基本数据类型、常量和变量、关键字和标识符、几种常用的运算符和表达式计算，再结合例题进行基础知识的分析。

第 3 章：顺序结构程序设计。重点介绍了输出语句 printf()函数和输入语句 scanf()函数的使用方法，其中有较多的细节需要初学者多练习、多思考，才能逐步掌握。

第 4 章：选择结构程序设计。主要讲解了选择结构程序设计，包括关系运算符和关系表达式、逻辑运算符及逻辑表达式、if 语句的 3 种方式、if 语句的嵌套使用、switch 语句，并通过程序举例综合对比了 if 语句和 switch 语句的使用方法。

第 5 章：循环结构程序设计。主要讲解了循环结构程序设计的相关知识，包括 while 循环、do-while 循环、for 循环，以及循环中 break 语句和 continue 语句的使用。

第 6 章：数组。主要讲解了数组的相关知识。C 语言使用数组存放一组相同数据类型的数据。在实际应用中很多数据都是大量存在的，其中最重要的一种处理方式就是用数组进行读取。数组的学习内容包括数组的定义、初始化，数组元素的读写、插入、删除等操作。

第 7 章：函数。主要讲解了 C 语言程序的基本单元——函数。从函数的定义入手，再讲解函数调用过程，最后介绍库函数和递归函数的使用方法。

第 8 章：编译预处理与动态存储分配。编译预处理是指在预处理阶段执行的命令，需要掌握无参宏与有参宏的定义与使用，掌握两种文件包含方式的区别，了解条件编译命令。动态存储分配是指在程序运行过程中对存储空间的动态管理，C 语言提供了库函数 malloc()与 calloc()实现空间的动态分配，库函数 free()实现空间的动态回收。

第 9 章：指针。主要讲解了 C 语言指针的相关知识，学习内容包括内存地址和变量的地址、指针变量、数据的直接访问和间接访问、指针与一维数组、指针与二维数组、函数间地址传值、返回指针的函数；最后介绍了第二种数组元素的排序方法——选择排序法。

第 10 章：字符串。主要讲解了字符串的相关知识，学习内容包括字符串的定义与初始化、字符数组与字符串的关系、字符串的输入与输出、字符串指针、常用字符串函数、字符串数组；在 C 语言中，字符串使用字符数组存储，以字符 '\0' 结尾。

第 11 章：结构体与共用体。主要讲解了结构体与共用体的相关知识，以及使用 typedef 关键字为数据类型起别名的方法。

第 12 章：位运算。主要讲解了 C 语言中二进制位的运算，它是 C 语言兼具高级语言与汇编语言优点的体现，只适用于整型或字符型数据。C 语言提供了 6 种位运算符，需要掌握各运算符的操作数个数、优先级及结合方式，了解位运算的适用场合。

第 13 章：文件。主要讲解了 C 语言文件的相关知识。从不同的角度，C 语言文件有不同的分类，通常将文件分为文本文件与二进制文件。使用文件时，需先定义指向 FILE 类型的指针，通过打开文件操作，建立文件指针与文件的联系，借助 4 组文件读取函数 fgetc()

与 fputc()、fgets()与 fputs()、fscanf()与 fprintf()、fread()与 fwrite()完成对文件数据的操作，最后关闭文件。

第 14 章：综合实例。主要通过"学生成绩管理系统"的设计与实现，综合运用 C 语言各章节知识，使学习者进一步掌握 C 语言基础知识，同时提升项目设计能力和程序控制能力。

本书的内容编排都是笔者在总结前人创作经验的基础上，经过多年教学实践，总结提炼而形成的形之有效的教学方法，摸清了学生思路，掌握了教学规律，有着重要的学习指导意义。

本书由扬州职业大学张光桃、陈思维、薛景，以及四川工商职业技术学院肖铮编著，其中第 3 章由李艳阳编写，镇江市政府信息技术员李新锋对全书进行了统筹和审核。本书在编写过程中，得到了扬州职业大学的大力支持，缪勇、施俊、刘娇、李云霞等为书中所用程序做了上机验证，在此表示一一致谢。同时对清华大学出版社各位编辑老师的付出表示衷心的感谢。

由于作者水平有限，书中难免有错漏、不当之处，望广大读者朋友不吝赐教。

编　者

目　　录

第 **1** 章

C 语言概述

本章要点

◎ 程序设计的基本步骤

◎ 使用 Visual C++ 2010 集成开发环境编辑、编译、运行程序

学习目标

◎ 了解 C 语言的发展过程

◎ 了解 C 语言标准

◎ 了解算法的概念和算法的特点

◎ 初步了解程序设计的基本步骤

◎ 初步了解 Visual C++ 2010 集成开发环境

◎ 熟悉 C 语言程序的构成

1.1 C 语言的起源与特点

C 语言是一种功能强大、使用灵活的高级程序设计语言。作为目前主流的程序设计语言，C 语言不仅是认识和深入掌握其他程序设计语言的入门语言，广泛应用于软件设计和开发当中，同时它也是笔试、面试时最常见的语言之一。

C 语言是如何产生的? 和其他高级语言相比，C 语言又有哪些特点? 在哪些环境下可以进行 C 程序设计? C 程序设计的步骤有哪些? 本节就这些问题进行初步解读。

1.1.1 C 语言的起源

在 C 语言之前，系统软件的编写主要是用汇编语言。汇编语言属于低级语言，通常是为特定的计算机或者系列计算机专门设计的，可读性和可移植性较差；而一般的高级语言不具备低级语言能够直观地对硬件实现控制和操作、程序执行速度快的特点。人们希望有一种语言兼具低级语言和高级语言的特性。在这种情况下，C 语言便出现了。C 语言的发展过程简述如下。

1967 年，英国剑桥大学的 Martin Richards 发明了 BCPL(Basic Combined Programming Language)，BCPL 是最早被用作牛津大学 OS6 操作系统上面的开发工具。1970 年，美国 AT&T 贝尔实验室的肯·汤普森(Ken Thompson)在 BCPL 的基础上，提出了 B 语言(取 BCPL 的第一个字母)，并设计和实现了 UNIX 操作系统。三年后，美国贝尔实验室的丹尼斯·里奇(Dennis Ritchie)对 B 语言改良之后，又设计出一种新的语言——C 语言。

1973 年，C 语言的主体完成，肯·汤普森(Ken Thompson)和丹尼斯·里奇将 UNIX 操作系统的 90% 以上用 C 语言改写。随着 UNIX 的发展，C 语言也迅速得到推广。1978 年以后，C 语言先后移植到大、中、小和微型计算机上。随着 C 语言用户的日益增多，应用范围也日益扩大。很快，C 语言就成为世界上应用最广泛的高级程序设计语言。

1.1.2 C 语言的特点

C 语言是当前最受欢迎的程序设计语言之一。图 1-1 所示为 TIOBE 在 2020 年 9 月公布的编程语言排行榜。图 1-2 所示为 TIOBE 统计的近 18 年编程语言 Top10 指数变化。

Sep 2020	Sep 2019	Change	Programming Language	Ratings	Change
1	2	^	C	15.95%	+0.74%
2	1	v	Java	13.48%	-3.18%
3	3		Python	10.47%	+0.59%
4	4		C++	7.11%	+1.48%
5	5		C#	4.58%	+1.18%
6	6		Visual Basic	4.12%	+0.83%
7	7		JavaScript	2.54%	+0.41%
8	9	^	PHP	2.49%	+0.62%
9	19	^	R	2.37%	+1.33%
10	8	v	SQL	1.76%	-0.19%

图 1-1   2020 年 9 月 TIOBE 排行榜

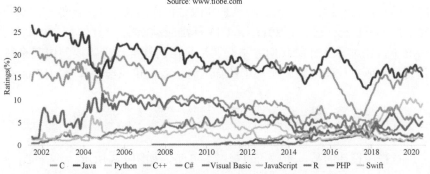

图 1-2　编程语言 Top10 近 18 年变化情况

综合图 1-1 和图 1-2，C 和 Java 一直处于编程语言使用程度排名的前两位。而作为最古老的编程语言之一，C 语言依然高居榜首。可以说，C 语言是编程语言中的"常青树"。另外，C 语言也是编程语言中的通用语言，已经催生出同样受欢迎的衍生语言，如 C++和 C#。C 语言能够一直经久不衰，自有其独特的特点，具体体现在以下几个方面。

(1) 结构式语言，代码和数据相互分隔。程序各部分相对独立，层次清晰，结构简单。模块化结构便于程序的开发、调试，以及后续功能的扩充和维护。

(2) 运算符号多，数据结构丰富。灵活使用各种运算符，可以在复杂的数据类型之间实现其他高级语言中难以实现的运算。

(3) 适用范围广。C 语言既有高级语言的特点，又具有汇编语言的特点。它可以作为系统设计语言，编写工作系统应用程序，如操作系统、驱动程序、数据库；也可以作为应用程序设计语言，编写不依赖计算机硬件的应用程序，如办公软件、图形图像多媒体软件、嵌入式软件、游戏软件。

(4) 可移植性好。C 语言具有良好的跨平台特性，以一个标准规格写出的 C 语言程序可在许多计算机平台上进行编译，甚至包含一些嵌入式处理器，以及超级计算机等作业平台。

(5) 程序执行效率高。和其他高级语言相比，C 语言生成的目标代码质量高，执行的速度也更快，一般只比汇编语言程序生成的目标代码慢 15%左右。

1.1.3　C 语言标准

任何一个新事物或者新工具诞生之后，为了方便人们使用，创造者都会建立一套使用标准。C 语言亦是如此。

起初，C 语言并没有全球通用的标准。1987 年，布莱恩·柯林汉和丹尼斯·里奇出版了一本书，名叫 *The C Programming Language*。这本书被 C 语言开发者称为 K&R C(也被称为经典 C)，很多年来被当作 C 语言非正式的标准说明。

1989 年，美国国家标准化协会(ANSI)通过了 C 语言标准，简称 C89 标准。也有人把它简称为 ANSI C。第一套完整的 C 语言定义和 C 语言标准库诞生。

1990 年，国际标准化组织(ISO)批准 C89 标准为 C 语言的国际标准，简称 C90 标准。除了标准文档在排版上的细节不同外，C90 标准与 C89 标准在技术层面没有区别。

ANSI/ISO 联合委员会开始修订 C 标准，于 1999 年发布了 C99 标准。虽然 C99 标准已经发布了很长时间，但不是所有的编译器都支持该标准。

ANSI/ISO 联合委员会对于 C 语言的维护和改善仍在继续，并以降低程序员权限、提高 C 语言的安全作为新目标。因此，2011 年 C11 标准应运而生。

一般情况下，在编译文件时我们并不会关注采用的标准，当需要使用某个特定标准的特性，或是要规范所有代码，限制所采用的标准时，我们可以给编译器指定 C 语言标准。

1.2 C 程序设计的步骤

C 语言进行程序设计的基本步骤可以概括为 5 步，如图 1-3 所示。

图 1-3　C 程序设计的 5 个步骤

1. 确定任务目标

在开始写代码之前，需要分析程序的要求，明确程序具体实现什么功能，明白程序需要哪些信息。比如输入三个数字，判断能否构成三角形，而三角形的成立是如何界定的，这是应该弄清楚的。盲目地一上手就编写代码是不可取的。

2. 设计算法

上一步已经对这个程序要完成什么样的任务有了大概的认识。现在要考虑的是如何用程序来完成它。用户界面应该是什么样的？程序涉及的数据用什么类型来表示？如何对数据做处理，以达到程序的要求？程序中的算法设计，就像写作文前列提纲一样，能够使后面的步骤有条理、更高效。

3. 编写代码

前两步都无须用到代码，而这一步就要按照算法的设计，将程序用 C 语言代码表示。扎实的 C 语言基本语法知识可以达到事半功倍的效果。一般情况下，可以选择一个合适的编程环境，输入 C 语言代码。

4. 调试程序

这一步是将编写好的 C 语言程序代码翻译成机器语言代码。调试后若产生语法错误或者逻辑错误，开发工具会提示 warning 或者 error 信息，这时需要及时修正程序，并且再次调试。调试无误可以看到程序的运行结果。检测运行结果与自己设计的思路是否一致即可。

注意：可以运行的程序，不代表能够得出正确的结果，所以常常需要多次调试程序。

5. 形成文档资料

程序正常运行，并且调试结果与预期一致，程序就算真正完成了。此时，你可以把这次遇到的问题和 bug 记录下来，这个过程能帮助你更好地理解程序，逐步提高你的编码、测试和调试技巧。最后，将程序归纳整理，作为后续程序扩充或修改的素材。

1.3 算法

程序包括两部分，分别是对数据的描述和对操作的描述。后者也称为算法，它是为解决某个问题而采取的确定且有限的步骤。对于一个程序来说，设计出合适的算法是编写程序的基本保障。我们可以用任何程序设计语言将算法转换成程序。

一般来说，算法具有以下五个特征。

(1) 有穷性。算法的有穷性指算法包含有限个操作步骤。

(2) 确切性。算法的确切性指算法中的每一个操作步骤必须有确切的含义，不能有歧义。

(3) 可行性。算法的可行性指算法中的每一个操作步骤都可以在有限的时间内完成。

(4) 输入项。一个算法具有 0 个或多个输入。

(5) 输出项。一个算法至少有 1 个输出。

算法的描述方式有多种，常用的有自然语言、流程图、伪代码。各种描述方式在对问题的描述能力方面存在一定的差异，但是必须满足算法的五个特征。

【例 1-1】 有三个硬币，其中一个是伪造的，另两个是真的，伪币与真币重量略有不同。现在提供一座天平，如何找出伪币呢？用三种算法描述方式依次实现。

(1) 自然语言。自然语言就是用日常生活中使用的语言来描述算法的步骤，其特点是通俗易懂，但是容易有歧义，描述的算法不够精练。如果算法中存在循环或者分支结构，则不易清晰表示出来。比如，这个人连王明都不认识。这句话的意思可以理解为"这个人不认识王明"，也可以理解为"王明不认识这个人"。

例 1-1 用自然语言描述算法为：比较 A 与 B 的重量，若 A=B，则 C 是伪造的；否则再比较 A 与 C 的重量，若 A=C，则 B 是伪造的；否则 A 是伪造的。

(2) 流程图。流程图是用图框和带有箭头的线表示算法的步骤。ANSI 规定了一些常用的流程图符号，为世界各国程序工作者普遍采用。常用的流程图符号如图 1-4 所示。与自然语言相比，用流程图表示算法，形象直观，易于理解。但是由于流程图对于流程线的使用没有严格限制，流程图可能会变得毫无规律，进而影响流程图的可读性。

| 起止框 | 处理框 | 输入输出框 | 判断框 | 流程线 | 连接点 |

图 1-4 流程图符号

例 1-1 用流程图描述，算法如图 1-5 所示。

(3) 伪代码。伪代码是将自然语言和类编程语言组织起来表示算法的步骤。伪代码描述的特点是结构清晰、代码简单、可读性好。程序员能够很容易地将伪代码算法转换成计算机程序。

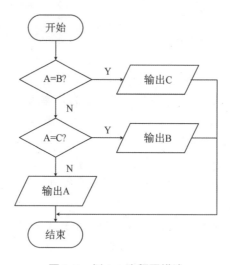

图 1-5　例 1-1 流程图描述

例 1-1 用伪代码描述算法为：

```
if  A=B
then  C 是假币
elseif  A=C
then  B 是假币
else  A 是假币
endif
```

【例 1-2】 输出 1～100 既能被 3 又能被 5 整除的数，用三种算法描述。

(1) 自然语言描述具体步骤如下：

① N 的初始值设为 1；

② 如果 N 能被 3 和 5 整除，则输出 N；

③ N 的值加 1；

④ 如果 N 小于等于 100，则转入步骤②；

⑤ 否则结束程序。

(2) 流程图描述算法如图 1-6 所示。

(3) 伪代码描述如下：

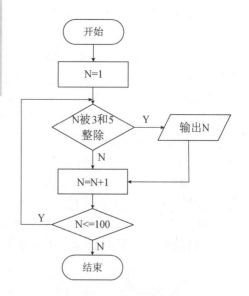

图 1-6　例 1-2 流程图

```
for N=1 to 100
   if N 能被 3 和 5 整除
       输出 N
       N=N+1
   end if
next N
```

1.4　C 语言集成开发环境

一般情况下，大多数人学习 C 语言都会选择集成开发环境(IDE)作为程序开发工具。使用集成开发环境能降低管理代码的难度，简化 C 语言学习的时间与流程，让初学者专注于 C 语言本身的学习，也方便初学者对代码进行调试和项目管理。

Microsoft Visual C++(简称 Visual C++、MSVC、VS 或 VC)是微软公司的免费 C++开发工具，是集成开发环境，可编辑 C 语言、C++及 C++/CLI 等编程语言。现在的 Visual C++ 已经整合到了 Microsoft Visual Studio 中。本书的源程序都是在 Microsoft Visual C++ 2010 学习版环境下开发的。

1.4.1 Microsoft Visual C++ 2010 集成开发环境介绍

启动 Microsoft Visual C++ 2010，进入 Microsoft Visual C++ 2010 集成开发环境，屏幕显示其主界面，如图 1-7 所示。

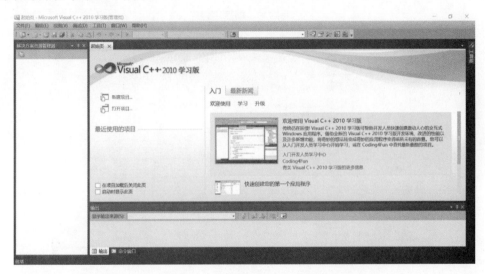

图 1-7 Microsoft Visual C++ 2010 集成开发环境

主界面的顶部是主菜单栏，包括 7 个菜单项：文件、编辑、视图、调试、工具、窗口、帮助。主界面的左侧是解决方案资源管理器，右侧是程序编辑区。

1.4.2 Microsoft Visual C++ 2010 集成开发环境的使用

在 Microsoft Visual C++ 2010 环境下，不能单独编译一个 C 语言源程序文件，必须依赖一个项目。

(1) 新建项目。选择主界面中的"文件"→"新建"→"项目"命令，如图 1-8 所示。

(2) 弹出"新建项目"对话框，选择"Win32 控制台应用程序"，在"名称"文本框中输入项目名称 Project1，默认项目名称与解决方案名称相同，在"位置"文本框中输入该项目的存放路径，如图 1-9 所示。然后单击右下角的"确定"按钮。

(3) 弹出"Win32 应用程序向导"对话框，如图 1-10 所示，单击右下角的"下一步"按钮。

(4) 在弹出的对话框中，勾选"附加选项"区域的"空项目"复选框，如图 1-11 所示。单击右下角的"完成"按钮。

图 1-8　新建项目

图 1-9　"新建项目"对话框

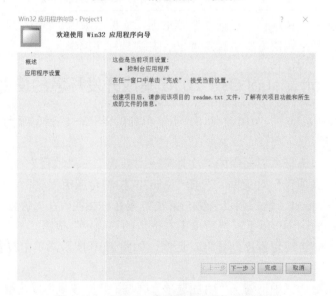

图 1-10　"Win32 应用程序向导"对话框 1

图 1-11 "Win32 应用程序向导"对话框 2

(5) 在主界面左侧的"解决方案资源管理器"区域中显示出当前的项目，如图 1-12 所示。

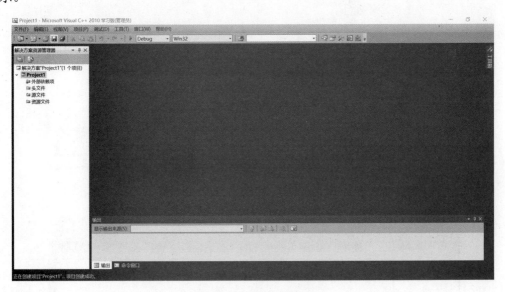

图 1-12 新建项目完成

(6) 右键单击 Project1 项目列表中的"源文件"，在弹出的快捷菜单中选择"添加" → "新建项"命令，如图 1-13 所示。

(7) 弹出"添加新项"对话框，选择"C++文件(.cpp)"，在"名称"文本框中输入后缀名为.c 的文件名，如图 1-14 所示。单击右下角的"添加"按钮。

(8) C 语言源文件新建完成，如图 1-15 所示。接下来，在右侧的程序编辑区输入程序代码。

(9) 输入 C 语言代码后，按 Ctrl+F5 快捷键调试程序。

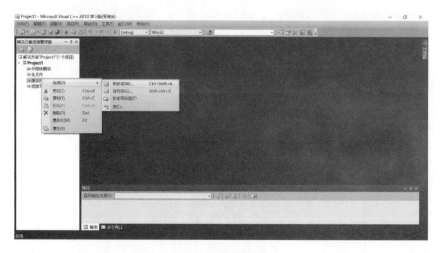

图 1-13   新建源文件

图 1-14   "添加新项"对话框

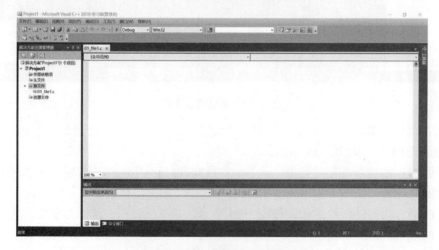

图 1-15   C 语言源文件新建完成

1.5 我的第一个 C 语言程序

在布莱恩·柯林汉所著的 *The C Programming Language* 中使用 "Hello World!" 作为第一个演示程序。对每一位程序员来说，这个程序几乎是每一门编程语言中的第一个示例程序。本书也以此程序开始我们的 C 语言程序学习之旅。

【例 1-3】 在屏幕上输出 "Hello World！"。

参考代码如下：

```c
#include <stdio.h>
int main( )
{
    printf("Hello World!");     /*输出 Hello World! */
    return 0;
}
```

例 1-3 C 语言的框架

程序的运行结果如图 1-16 所示。

C 语言程序的基本框架如图 1-17 所示。

下面对 C 语言程序的构成进行说明。

(1) C 语言程序由若干函数组成，函数是 C 语言程序的基本单位。一个 C 语言程序有且仅有一个名称为 main 的函数，也叫主函数。C 语言程序总是从 main 函数开始执行。

(2) 函数由函数首部和函数体构成。以上程序中，函数首部是 int main()，main 是函数名，C 语言规定必须用 main 作为主函数名。其后的一对圆括号 "()" 中的内容可以为空，但是括号不可以省略。函数首部后面用一对花括号 "{ }" 括起来的部分是函数体，用于实现函数的具体功能。

(3) 函数体内每条语句用 ";" 结束。C 语言程序书写格式自由，可以一行写一条语句，也可以一条语句分多行书写。初学者应该从一开始就养成良好的编程习惯，建议一行写一条语句，以提高程序的可读性。

(4) 编写程序时适当增加注释，也能提高程序的可读性。C 语言中用 "/*……*/" 的形式表示注释。注释的内容可以使用中文或英文，主要对程序语句起解释说明的作用。注释的内容不属于程序语句，不参与程序的编译。某些编译环境支持以 "//" 开头的单行注释方式。

(5) 以上程序中的 "#include <stdio.h>" 称为编译预处理命令。编译预处理命令以 "#" 开头，并且不用 ";" 结尾。该编译预处理命令的作用是在编译之前把程序中使用的输入输出函数信息的 "标准输入/输出头文件" 包含进来，stdio 指的是 "standard input & output"。

Hello World!

图 1-16 程序运行结果

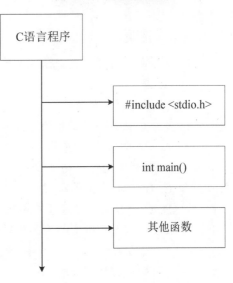

图 1-17 C 语言程序的基本框架

【例1-4】 输出你的姓名、班级和学号。

参考代码如下：

```
#include <stdio.h>
int main( )
{
    printf("姓名:李丽");
    printf("班级:计应2021");
    printf("学号:202101005");
    return 0;
}
```

本 章 小 结

C 语言是学习程序设计的基础语言。本章主要介绍了 C 语言的发展过程、C 标准、算法的概念和算法的特点、程序设计的基本步骤、Visual C++ 2010 集成开发环境，并通过程序举例介绍 C 语言程序的构成。

自 测 题

一、单选题

1. 下列有关 C 语言的说法正确的是( )。

    A. 属于机器语言   B. 只适合于编写应用软件

    C. 属于高级语言   D. 只适合于编写系统软件

2. 关于 C 语言特点的说法不正确的是( )。

    A. C 语言是一种结构化、模块化的程序设计语言

    B. C 语言的可移植性较差

    C. C 语言简洁紧凑

    D. C 语言兼有高级语言和低级语言的双重特点

3. 程序流程图中带有箭头的线段表示( )。

    A. 图元关系   B. 数据流   C. 控制流   D. 调用关系

4. 算法的有穷性是指( )。

    A. 算法程序的运行时间是有限的   B. 算法程序所处理的数据量是有限的

    C. 算法程序的长度是有限的   D. 算法只能被有限的用户使用

5. 下列叙述中错误的是( )。

    A. C 程序可以由多个程序文件组成

    B. 一个 C 语言程序只能实现一种算法

    C. C 程序可以由一个或多个函数组成

    D. 一个 C 函数可以单独作为一个 C 程序文件存在

6. 对于一个正常运行的 C 程序，以下叙述中正确的是( )。

    A. 程序的执行总是从 main 函数开始，在程序的最后一个函数中结束

B. 程序的执行总是从程序的第一个函数开始，至 main 函数结束

C. 程序的执行总是从 main 函数开始

D. 程序的执行总是从程序的第一个函数开始，在程序的最后一个函数中结束

7. C 语言程序从 main 函数开始执行，所以这个函数要写在(　　)。

　　A. 程序文件的开始　　　　　　　B. 程序文件的最后

　　C. 程序文件的任何位置　　　　　D. 它所调用的函数的前面

8. 下列叙述错误的是(　　)。

　　A. C 程序中的每条语句都用一个分号作为结束符

　　B. C 程序中的每条命令都用一个分号作为结束符

　　C. C 语言以小写字母作为基本书写形式

　　D. C 语言中的注释信息是编程规范的重要内容

9. 以下叙述中正确的是(　　)。

　　A. 用 C 程序实现的算法必须有输入和输出的操作

　　B. 用 C 程序实现的算法可以没有输出但必须有输入

　　C. 用 C 程序实现的算法可以没有输入但必须有输出

　　D. 用 C 程序实现的算法可以既没有输入也没有输出

10. 软件是指(　　)。

　　A. 程序　　　　　　　　　　　　B. 程序和文档

　　C. 算法加数据结构　　　　　　　D. 程序、数据与相关文档的完整集合

二、填空题

1. 一个 C 语言程序由若干函数组成，程序中应至少包含一个_____，其名称只能为_____。

2. 一个函数由两个部分组成：一部分是_____，另一部分是_____。

3. C 语言程序中需要进行输入/输出处理时，必须包含的头文件是_____。

4. 在一个 C 源程序中，注释部分两侧的分界符为_____和_____。

5. 系统默认的 C 语言源程序的扩展名为_____。

6. C 程序中一行内可以写多条语句，一个语句可写在多行上，但是每条语句必须以_____结束。

三、编程题

1. 一块长方形菜地的长为 4m，宽为 5m，求该菜地的面积。

2. 输出如图 1-18 所示的图形。

图 1-18　图形

第 2 章
数据类型、运算符与表达式

本章要点

- ◎ 基本数据类型常量、变量的概念和使用
- ◎ 用户自定义标识符的命名规则
- ◎ 运算符与表达式的正确使用
- ◎ 常用运算符的优先级和结合性
- ◎ 自增、自减运算符的操作规则

学习目标

- ◎ 掌握 C 语言基本数据类型常量的表示方法
- ◎ 掌握 C 语言基本数据类型变量的定义和初始化
- ◎ 正确识别关键字和预定义标识符
- ◎ 了解自定义标识符的命名规则，能正确定义用户标识符
- ◎ 掌握运算符、表达式的基本概念
- ◎ 掌握 C 语言数据类型转换的方式

2.1 C 语言的数据类型

在程序的王国里，可以让计算机按照不同的指令做很多事情，比如发送邮件、统计数据、显示图像、绘制图形以及我们能想到的任何事情。在此过程中，需要对各种数据进行处理。比如，用 C 语言设计一个员工管理系统，涉及员工的姓名、性别、出生日期、工作时间、学历、家庭住址、联系电话等，这些信息呈现出不同的数据形式。在程序语言中，不同类型的数据用不同的形式来表示。

计算机中的文本、图像、声音等信息在内存中都是用二进制表示的。比如，内存中的一段二进制数据 01000001，表示整数是 65，表示字符则是 'A'。

数据类型是按照规定形式表示数据的一种方式，它规定了对于内存中数据的解读方式。解读方式不同，所表示的内容也不同。数据类型决定了数据的存储方式、合法的取值范围、占用内存的空间大小、可参与的运算种类。C 语言提供的数据类型如图 2-1 所示。

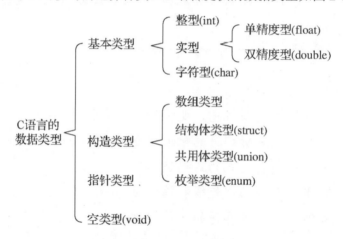

图 2-1 C 语言的数据类型

本章主要涉及基本数据类型，其他类型在后续章节一一介绍。

2.2 关键字和标识符

2.2.1 关键字

C 语言中预先定义好且有特定含义的单词,称之为关键字。每个关键字有其专门的用途,不能另作他用。比如，int 表示基本整型，short 表示短整型。C 语言中的关键字有 32 个，如表 2-1 所示。在今后的学习中，将逐渐接触这些关键字的具体使用方法。

表 2-1 关键字

auto	break	case	char	const	continue
default	do	double	else	enum	extern
float	for	goto	if	int	long

register	return	short	signed	sizeof	static
struct	switch	typedef	union	unsigned	void
volatile	while				

2.2.2 标识符

在 C 语言中,用于标识变量名、函数名、数组名等对象的符号,称为标识符。标识符的命名需要遵循一定的规则:

(1) 由字母、数字、下划线组成,且数字不能作为第一个字符。

(2) 标识符中的字母区分大小写。例如,Book 和 book 是两个不同的标识符。

(3) 不能与关键字同名。

标识符可以分为预定义标识符和用户自定义标识符。预定义标识符是指 C 语言已经预先定义的标识符,有特定的含义,通常用作固定的库函数名或编译预处理中的专门命令,一般不另作他用。预定义标识符具有见字明义的特点,比如,main 表示主函数名,printf 表示格式输出函数。用户自定义标识符是用户根据自己的需要所定义的标识符,需要遵循标识符的命名规则。用户自定义标识符最好能做到见字明义,以提高程序的可读性。用户自定义标识符举例如表 2-2 所示。

表 2-2 用户自定义标识符举例

用户自定义标识符	合法/不合法
sum	合法
Book_1	合法
5d	不能以数字开头,不合法
a*T	出现非法字符*,不合法
−3x	不能以减号(−)开头,不合法
short	用户自定义标识符不能和关键字同名,不合法

2.3 常量和变量

在 C 语言中,数据可以分为常量和变量。所谓常量,是在程序运行期间,其值保持不变的量。变量是程序运行期间其值可以改变的量。

2.3.1 常量

C 语言中的常量有普通常量和符号常量之分。普通常量包括整型常量、实型常量、字符型常量、字符串常量。整型常量和实型常量又称为数值常量,可以表示数值的正负。比如,0、55、−6 是整型常量,0.0、3.14、567.89 是实型常量,'A''a' 是字符型常量,"Yangzhou" "Computer" 是字符串常量。通常,由字面形式可以直观区分的就是普通常量。

有的常量可以通过字面形式看出,而有的常量则需要"指定"。在 C 语言中,可以用一个符号来表示一个常量，称为符号常量。

定义符号常量的一般形式为：

```
#define  标识符  常量
```

其功能是把该标识符定义为其后的常量值。一经定义，以后在程序中所有出现该标识符的地方用常量替换。比如：

```
#define PRICE 30
```

【说明】

① 程序中用#define 命令行声明的符号常量，此后在文件中出现的该符号常量都用同一个常量替换，符号常量可以和普通常量一样，参与其他运算。

② 符号常量一旦声明，在程序中就不能再重新赋值。比如，再用以下赋值语句给符号常量 PRICE 赋值是不合法的：PRICE=40。

③ 通常，符号常量用大写字母表示，以便与其他标识符相区别。

【例 2-1】 符号常量的定义和使用。

```
#include <stdio.h>
#define PRICE 20
int main()
{
    int num=8,total;
    total=num*PRICE;
    printf("%d\n",total);
    return 0;
}
```

程序的运行结果如图 2-2 所示。

程序运行时，价格 PRICE 用 20 替换，最终求出总价 total。由此看出，使用符号常量的好处是见字明义，如果 PRICE 的值需要变更，只需要修改符号常量声明的这一行即可，后期的修改、维护很方便。

```
160
```

图 2-2　例 2-1 程序运行结果

【例 2-2】 使用符号常量 PI 计算半径为 3 的圆的面积。

参考代码如下：

```
#include <stdio.h>
#define PI 3.14
int main()
{
    printf("圆的面积是:%f\n",PI*3*3);
    return 0;
}
```

2.3.2　变量

通常，变量用来存放程序在输入、处理、输出时所涉及的数据。一个变量应该有一个名字，并且在内存中占据一定的存储单元，在该存储单元中存放变量的值。变量可以通过变量名访问，变量名的命名要遵循标识符的命名规则。

C 语言规定，变量必须遵循"先定义，后使用"的原则。

变量定义的作用是告知编译器，当前程序中使用了哪些变量和相应变量的数据类型是什么。编译器确定变量所占内存空间的大小，然后在内存中开辟空间来保存其数据。

如图 2-3 所示，定义整型变量 a 后，编译器为变量 a 分配相应的内存空间，将数据 1 写入变量 a 对应的内存单元里。变量名实际上是该内存空间的地址。

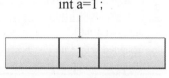

在程序运行期间，变量名不可以改变，变量值可以改变。

图 2-3　变量名和变量值

2.4　整型数据

2.4.1　整型常量

C 语言中的整型常量可以用十进制、八进制、十六进制表示。

(1) 十进制整数是生活中最常见的计数方式，由 0～9 的数字组合而成，比如，0、-1、32767。

(2) 八进制整数以数字 0 开头，后面由 0～7 的数字组合而成。比如，八进制数 011、065、005，与之对应的十进制数是 9、53、5。100 (数据无前缀 0)和 090(9 超出八进制的数字范围)是不合法的八进制整数。

(3) 十六进制整数以 0x 或 0X 开头，后面由 0～9、a～f(字母大小写不限)等数字、字母组合而成。比如十六进制数 0xff、0XA23、0x16，与之对应的十进制数是 255、2595、22。56A(数据无前缀 0x 或 0X)和 0xH6(H 超出十六进制的数字范围)是不合法的十六进制整数。

注意：C 语言程序中是根据前缀(0、0x、0X)来区分不同的进制数的，书写常数时不要混淆前缀。

在 Visual C++ 2010 中，可以在整型常量的末尾加不同的后缀来表示相应类型的常量。

(1) 末尾加 L 或 l，表示长整型常量。如 1234L、0L、-456L。

(2) 末尾加 U 或 u，表示无符号整型常量。如 58u、376U。

(3) 末尾加 lu 或 LU，表示无符号长整型常量。如 1000LU。

2.4.2　整型变量

整型变量用来存放整型数据。C 语言中的整型数据前还可以加上修饰符，依次是无符号的(unsigned)、短的(short)、长的(long)。如未说明该整数为无符号型，则默认为有符号型(signed)。

不同的编译系统中，相应数据类型所占用的字节数可能有所不同。表 2-3 列出了 Visual C++ 2010 集成开发环境下整型类型所占的字节数及其取值范围。

表 2-3   整型类型表

类型名称	占用的字节数	数值范围
[signed] int	4	−2147483648～2147483647
[signed] short [int]	2	−32768～32767
[signed] long [int]	4	−2147483648～2147483647
unsigned [int]	4	0～4294967295
unsigned short [int]	2	0～65535
unsigned long [int]	4	0～4294967295

1. 整型类型的几点说明

(1) 对于初学者而言,int 类型能够满足大部分程序对整数类型的要求。

(2) short int 类型表示的整数值较少,适用于数值较小的应用场合。

(3) unsigned int 适合表示非负数。

2. 整型变量定义及初始化的格式

整型变量定义及初始化的格式如下:

```
数据类型  变量名 1[=初值 1][  [ ,变量名 2[=初值 2]  ,…]]  ;
```

比如:

```
int a;           /*定义一个整型变量 a*/
unsigned x=5.6,y=10.9;
/*定义无符号整型变量 x 和 y,给 x 赋初值为 5.6,给 y 赋初值为 10.9*/
```

定义变量时需要注意以下几点。

(1) 定义变量但未初始化,系统会为该变量赋予默认值(一个随机数)。

(2) 不建议把初始化和未初始化的变量放在同一条声明语句内。比如:

```
int x,y=5;       //这种写法容易让人误以为 x 和 y 均赋初值为 5
```

(3) 一般在函数的开始部分就定义变量。

【例 2-3】 整型变量的定义和使用。

```
#include <stdio.h>
int main()
{
    int a=4,b=5,c;
    c=a+b;
    printf("两数和是:%d\n",c);
    int d;
    d=a-b;
    printf("两数差是:%d\n",d);
    return 0;
}
```

例 2-3 变量的定义

程序的运行结果如图 2-4 所示。

图 2-4 程序运行结果

2.5 实型数据

实型数又称浮点数，一般指带有小数点的数。

2.5.1 实型常量

实型常量一般用于表示小数，也称为浮点型常量。实型常量可以用小数形式、指数形式表示。

(1) 小数形式由 0～9 的数字和小数点组成，也是最常见的一种实型常量的表示形式。比如，0.0、1.23、-.567 都是合法的实型常量。在小数形式中，小数点前后的数字 0 可以省略，但是小数点不可以省略。

(2) 指数形式由尾数、e 或 E、指数组成，即把一个数表示成尾数与 10 的指数次幂相乘的形式。比如，3.14159 可以表示为 3.14159E0，0.0567 可以表示为 56.7e-3，1000.3 可以表示为 1.0003E3。C 语言规定：尾数不能省略，指数必须为整数。

2.5.2 实型变量

1. 实型变量的分类

在 C 语言中，实型变量分为单精度实型和双精度实型，数据类型分别用 float 和 double 表示。表 2-4 列出了 Visual C++ 2010 集成开发环境下，实型类型的情况汇总。

表 2-4 实型类型表

类型名称	占用的字节数	有效位数	数值范围
float	4	7	$-3.40E+38 \sim +3.40E+38$
double	8	$15 \sim 16$	$-1.79E+308 \sim +1.79E+308$

在 C 语言中，实型数所表示的数值范围较大，很难精确表示，往往存在误差。

2. 实型变量的定义及初始化

实型变量的定义及初始化与整型变量类似。比如：

```
double x, y;            /*定义两个双精度实型变量，变量名分别是 x、y*/
float height=1.6;       /*定义一个单精度实型变量 height，给 height 赋初值为 1.6*/
```

【例 2-4】 实型数据的有效位数。

```
#include <stdio.h>
int main()
{
    float a;
    a=1.2345678;
    printf("a 的值是:%f\n",a);
    return 0;
}
```

程序的运行结果如图 2-5 所示。

a的值是:1.234568

图 2-5　程序运行结果

由于 float 型变量只能接收 7 位有效数字，因此存储精度只能达到小数点后面的 6 位数字。假如将 a 改为 double 型，则能全部接收上述 16 位数字并存储在变量 a 中。

2.6　字符型数据

2.6.1　字符型常量

在 C 语言中，用单引号括起来的一个字符被称为字符常量。比如 'a' 'B' '5' '?' 都是字符型常量。

每个字符常量在内存中占一个字节。实际上，字符在计算机中是以数值形式存储的，所以也可以用整数来代表特定的字符，较常用的是美国的 ASCII 编码。比如，在 ASCII 编码中，整数 97 代表字符 'a'。在保存字符 'a' 时，内存中实际存储的是整数 97，如图 2-6 所示。

| 11000001 |

字符 'a'

图 2-6　字符 'a' 在内存中的存储格式

因此，需要区分字符型常量 '1' 和整型变量 1。'1' 表示一个字符，其 ASCII 码值为 49；1 表示一个整数。由于字符是以整数存储的，所以在实际使用中，字符型常量可以参与任何整数运算。比如，'A'+2 的值为 67，因为 'A' 的 ASCII 码值 65 加上 2，等于 'C' 的 ASCII 码值 67；'5'－'3' 的值为 2，因为 '5' 的 ASCII 码值 53 减去 '3' 的 ASCII 码值 51 等于 2。

【说明】

①　在 C 语言中，通常一个汉字占用两个字节的内存空间，所以一个汉字不能按照一个字符处理，比如 '一' 是不合法的字符常量。

②　小写字母 'a' ～ 'z'、大写字母 'A' ～ 'Z'、数字 '0' ～ '9' 间的 ASCII 码值都是连续的。对应字母的大、小写，其 ASCII 码值相差 32。比如，'a' 的 ASCII 码值等于 97，'A' 的 ASCII 码值是 65。

ASCII 码表中的大部分字符都属于打印字符，比如字母、数字、标点符号。还有一些字符属于非打印字符，比如换行、响铃、退格等。而 C 语言中，用反斜杠 "\" 开始的字符序列来表示那些常见的不能显示的 ASCII 字符，如 '\0' '\a' '\n' 等，就称为转义字符。常用的转义字符和其对应的含义如表 2-5 所示。

表 2-5　转义字符

转义字符	含　义	ASCII 码值
\a	响铃	7
\b	退格	8
\f	换页	12
\n	换行	10
\r	回车	13
\t	水平制表	9
\v	垂直制表	11
\\	反斜杠\	92
\'	单引号'	39
\"	双引号"	34
\?	问号?	63
\0	空字符	0
\ddd	八进制值所代表的字符	八进制
\xhh	十六进制值所代表的字符	十六进制

注意：转义字符的反斜杠是"\"，不是"/"。

【例 2-5】 转义字符的使用。

```c
#include <stdio.h>
int main()
{
    printf("\101 \x42 C\n");
    printf("Hoa\bw are you\n");
    printf("\\I am Chinese.\\\n");
    return 0;
}
```

程序的运行结果如图 2-7 所示。

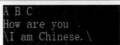

图 2-7　程序运行结果

2.6.2　字符串常量

用双引号括起来的一串字符被称为字符串常量。比如"C programming Language""run"都是字符串常量。

在 C 语言中，系统自动在字符串末尾加上一个 '\0' 表示字符串的结束。所以，字符串所占的内存大小是字符串中的实际字符个数加 1。比如，字符串"China"所占的内存空间是 6 个字节，由字符串的 5 个字符加 '\0' 的长度 1 组成；两个连续的双引号""称为空串，空串内没有实际字符，但仍占 1 个字节的内存空间。

2.6.3　字符型变量

用于存放单个字符的变量叫字符型变量，该变量可以存放普通字符，比如字母字符或者数字字符，也可以存放转义字符。

字符型变量的定义及初始化与整型变量类似。比如：

```
char ch1;                /*定义一个字符型变量，变量名是 ch1*/
char ch2='*',ch3='b';   /*定义两个字符型变量 ch2 和 ch3，给 ch2 赋初值为字符*，
                           给 ch3 赋初值为字符 b*/
```

字符型变量在内存中占 1 个字节，存放的是字符的 ASCII 码值，所以，字符型变量可以参与整型数据的任何运算。

【例 2-6】 字符型变量赋值。

```
#include <stdio.h>
int main()
{
    char ch1='A',ch2=66;
    printf("%c,%d\n",ch1,ch1);
    printf("%c,%d\n",ch2,ch2);
    return 0;
}
```

例 2-6 字符变量
的使用

程序的运行结果如图 2-8 所示。

字符型数据既可以以字符形式输出字符本身，也可以以整数形式输出该字符所对应的 ASCII 码值。

```
A,65
B,66
```

图 2-8　程序运行结果

2.7　运算符与表达式

程序，归根结底是对数据进行各种处理(操作)。对不同数据的操作，C 语言提供了对应的运算符。使用运算符把操作数结合起来形成的式子，称为表达式。

在这里，先介绍三个术语：操作数、运算符、表达式。操作数表示相应操作所涉及的数据，其形式可以是常量，也可以是变量。运算符表示对数据进行相应操作对应的符号，比如对数据进行乘法操作，用乘法运算符"*"；对数据进行除法操作，用除法运算符"/"。表达式由操作数和运算符组成，比如，3+2 就是表达式，运算符是"+"，操作数是 3 和 2。

本节主要介绍的运算符有算术运算符、赋值运算符、自增自减运算符、逗号运算符。

2.7.1　算术运算符和算术表达式

算术运算，也叫"四则运算"。在 C 语言中，基本的算术运算符有加、减、乘、除、求余数。这些运算符需要两个操作数，称之为双目运算符，比如+、-、*、/、%都是双目运算符。基本算术运算符的含义如表 2-6 所示。

表 2-6　基本的算术运算符

运 算 符	含　　义	优先级	结 合 性
*	乘法		
/	除法	3	从左至右
%	求余数		

续表

运 算 符	含　义	优 先 级	结 合 性
+	加法	4	从左至右
−	减法		

【说明】

①　+和-除表示"加法"和"减法"运算外，还可以表示一个数的代数符号，比如-5，+3。用作代数符号的时候，它们是单目运算符。

②　整型数与整型数相除，运算结果为整型数。比如 6/4，运算结果为 1。整型数与实型数相除，运算结果为实型数。比如 6.0/4，运算结果为 1.5。

③　求余运算的操作数必须都是整型数，运算结果为整型数。比如 6%4，运算结果为 2。

【例 2-7】　有以下程序：

```c
#include <stdio.h>
int main()
{
    printf("%d\n",6%(-4));
    printf("%d\n",(-6)%4);
    printf("%d\n",(-6)%(-4));
    return 0;
}
```

例 2-7　求余运算

程序的运行结果如图 2-9 所示。

由此看出，在 Visual C++ 2010 集成开发环境中，求余运算结果的符号位由被除数决定。

图 2-9　程序运行结果

可以将算术运算符、操作数、括号构成算术表达式。C 语言表达式的一个最重要的特性是，每个表达式都有一个值。当一个表达式中包含多个运算符时，如何确定运算顺序呢？如果表达式有括号，优先执行括号中的部分；然后根据运算符优先级按照由高到低的顺序来执行操作；当运算符优先级别相同的时候，按照运算符的结合方向执行操作。如表达式 a+b*c，先计算 b*c，再将此计算结果与 a 执行加法运算。

④　数学式在 C 语言中大多用算术表达式表示。需要注意数学式和算术表达式的书写区别。算术表达式的书写举例，如表 2-7 所示。

表 2-7　算术表达式举例

数 学 式	错误的算术表达式	正确的算术表达式
$b^2 - 4ac$	$bb - 4ac$	$b*b - 4*a*c$
$\dfrac{a}{bc}d$	$a/b*c*d$	$a/(b*c)*d$

在解决实际问题的时候，可能还会遇到求平方根或者求绝对值这样的问题。C 语言中将这类运算都包含在标准库函数内。比如，求平方根使用数学函数 sqrt。所以，数学式 $\sqrt{a^2 + b^2}$ 在 C 语言中表示为 sqrt(a*a+b*b)。使用数学函数时，需要在文件开头加上文件包含命令：#include <math.h>。还有其他数学函数，我们将在后续使用中一一介绍。

【例2-8】 算术运算符及其表达式程序。

```c
#include <stdio.h>
#include <math.h>
int main()
{
    int a=8,b=5,c=2;
    float d=5.0;
    printf("%d,%f\n",a-b/c,a-d/c);
    printf("%d\n",(-11)%2);
    printf("%d\n",sqrt(a*2));
    return 0;
}
```

例2-8 除法运算

程序的运行结果如图 2-10 所示。第三行输出需要注意的是，sqrt(a*2)函数将返回 a*2 的平方根，且返回值为 double 类型。本例中是将 sqrt(a*2)的结果以整型形式输出，同学们可以试试把第三行输出改为 printf("%lf\n",sqrt(a*2));，再观察输出结果有没有变化。

```
6,5.500000
-1
0
```

图 2-10 程序运行结果

2.7.2 赋值运算符和赋值表达式

赋值运算是指将运算符右侧的对象或者数值传递给左侧的对象或者变量。在 C 语言中，赋值运算符分为基本的赋值运算符和复合的赋值运算符。

1. 基本的赋值运算符

用 "=" 表示，由赋值运算符组成的表达式为赋值表达式。赋值表达式的一般格式为：

变量名 = 表达式

比如：

a=5

赋值表达式有两层含义：第一层含义是将赋值运算符右侧的常量值5赋给左侧的变量a；第二层含义是将赋值运算符左侧变量 a 的值 5 作为赋值表达式的值。

2. 复合的赋值运算符

在赋值运算符 "=" 之前加上其他运算符，可以构成复合的赋值运算符。
复合的赋值运算符的一般形式为：

变量 运算符=表达式

凡是双目运算符都可以与赋值号组合，构成复合的赋值运算符。比如在赋值运算符之前加上算术运算符，构成+=、-=、*=、/=、%=。
它等效于：

变量=变量 运算符 表达式

【例2-9】 已知 int a=10，计算表达式 a+=a*=a/=a-6 的值。计算过程如下。
(1) 先计算 a/=a-6，表达式等价于 a=a/(a-6)。所以 a=2，该表达式的值为 2。

(2)　再计算 a*=2，表达式等价于 a=a*2。所以 a=4，该表达式的值为 4。

(3)　最后计算 a+=4，表达式等价于 a=a+4。所以 a=8，该表达式的值为 8。

最后得出表达式 a+=a*=a/=a-6 的值为 8。

【说明】

①　赋值运算符的优先级低于大部分运算符，只高于逗号运算符，复合的赋值运算符的优先级和基本的赋值运算符的优先级相同。赋值运算符的结合性是从右到左。如表达式 a=b*2+5 中有=、*、+运算符，按照运算符的优先级顺序，应该是先执行 b 乘以 2，再将结果与 5 相加，最后将和赋给变量 a。

②　如果对一个变量多次赋值，变量的内存空间内存放的是最后一次对其所赋的数值。比如 a=5;…;a=7; 最终变量 a 的值为 7。

③　C 语言中的"赋值运算符"和数学式中的"等于"符号外形一样，但是含义有区别。在 C 语言中，一般我们会说"将 5 赋值给变量 a"，而不说"变量 a 等于 5"。

④　赋值运算符的左侧只能是变量，不能是表达式和常量，比如 a*b=3 和 3=b 就是非法的赋值表达式。

⑤　赋值运算符的右侧还可以是一个赋值表达式，如 a=(b=3)，括号内的"b=3"是一个赋值表达式，它的值等于 3。执行 a=(b=3)，相当于执行 b=3 和 a=b 两个赋值表达式，因此，a 的值等于 3，b 的值以及整个表达式的值都是 3。

⑥　在数学中，类似 i=i+1 的表示是不合理的，即如果给一个数 i 加上 1，无法与原来的数相等；在 C 语言中，i=i+1 的表示是合理的，表示将变量 i 的值加上 1，再赋给变量 i。

3. 赋值过程中的类型转换

如果赋值号两边的运算对象数据类型不一致，系统会自动进行类型转换。转换规则为将赋值号右边表达式值的类型转换为赋值号左边变量的类型。赋值过程中的类型转换方法如表 2-8 所示。

表 2-8　赋值过程中的类型转换方法

变量类型(左值)	表达式类型(右值)	转换方法	举例
整型	实型	实型数舍弃小数部分后，赋给整型变量	int a=7.126;
实型	整型	整型数以指数形式存储到实型变量中，数值大小不变	double b; b=3;
单精度实型	双精度实型	将双精度数的前 7 位有效数字赋给单精度型变量	double c; c=2.539e2;
无符号整型	长度相同的带符号整型	将带符号整型数在内存单元中的内容原样复制到无符号整型数的内存单元	unsigned d; d=-6418;
字符型	整型	将整数看作 ASCII 码值，赋给字符变量。如果整数值大于 127，会出现数据溢出情况	char a=200;

【例 2-10】　赋值运算。

```
#include <stdio.h>
#include <math.h>
int main()
```

```
{
    float aa;
    double a=123.456789e11;
    int c=289,b=-1;
    unsigned int bb;
    char cc;
    aa=a;
    cc=c;
    bb=b;
    printf("%f\n",aa);
    printf("%u\n",bb);
    printf("%c\n",cc);
    return 0;
}
```

程序的运行结果如图 2-11 所示。

第一行输出,将一个 double 型数据赋给 float 变量时,截取其前面 7 位有效数字,存放到 float 变量的存储单元(32位)中。从输出结果可以看出, 由 4 开始,到最后一个 2 共 11 位,说明结果是正确的。第二行输出,将非 unsigned

图 2-11　程序运行结果

型数据赋给长度相同的 unsigned 型变量,连原有的符号位也作为数值一起传送。第三行输出, 由于 int 型变量 c 为 289, 即二进制的 0000000100100001, 截断后,将低 8 位 00100001赋给 c, 即十进制的 33, 用 "%c" 格式输出 c, 将得到字符 "!"(其 ASCII 码值为 33)。

2.7.3　自增运算符和自减运算符

自增运算符 "++" 和自减运算符 "--", 功能是使运算对象增 1 或者减 1。如 i++等价于 i=i+1; i--等价于 i=i-1。自增运算符和自减运算符的执行方式有两种,分别是前缀模式和后缀模式。

1. 前缀++(--)

形式: ++i 或者--i

功能: 首先变量 i 做++(--), 即加 1(减 1)操作,然后用++(--)之后的值参与表达式的计算。

2. 后缀++(--)

形式: i++或者 i--

功能: 先用变量 i 的值参与表达式的计算,表达式计算完后,变量 i 再做加 1(减 1)操作。

【说明】

①　自增运算符和自减运算符只能用于变量,不能用于常量或者表达式。比如 i++是合法的表达式, ++4 和(a*2)--都是不合法的表达式。

②　自增运算符和自减运算符属于单目运算符,优先级较高,仅次于圆括号,结合性是从右到左。如表达式 x*y++, 按照优先级顺序考虑,该表达式等价于 x*(y++), 而不是(x*y)++, 并且(x*y)++也是一个不合法的表达式。

【例2-11】假设有语句:

```
int a=4,b=5,num1,num2;
num1=(b+a++)*3;
num2=(b+++a)*3;
```

分别求 num1 和 num2 的值。

在表达式 num1=(b+a++)*3 中,是后缀++。所以,先计算(b+a)*3 的值,27 赋给变量 num1,再执行 a 的自增,a 的值为 5。

在表达式 num2=(b+++a)*3 中,是前缀++,表达式等价于 num2=(b+(++a))*3。所以,先执行 a 的自增,a 的值为 5,再计算(b+a)*3 的值,30 赋给变量 num2。

③ 不要一次使用太多的自增运算符和自减运算符,一是会造成程序的可读性较差,二是因为不同的编译系统对于这类表达式的处理不尽相同。

④ 自增运算符和自减运算符常用于循环结构。

【例2-12】 自增、自减运算。

```
#include <stdio.h>
#include <math.h>
int main()
{
    int a=1,b=1,x,y;
    x=++a;
    y=b++;
    printf("a=%d,b=%d\n",a,b);
    printf("x=%d,y=%d\n",x,y);
    return 0;
}
```

程序的运行结果如图 2-12 所示。

x=++a 等价于 a=a+1;x=a,即先使 a 加 1,再赋给 x。y=b++等价于 y=b;b=b+1,即先将 b 的值赋给 y,再使 b 加 1。

图 2-12 程序运行结果

2.7.4 逗号运算符和逗号表达式

逗号运算符“,”一般用于将多个表达式连接起来构成逗号表达式,如:a=4-1, 15%7。逗号表达式的一般形式如下:

表达式 1,表达式 2,表达式 3,…,表达式 n

功能:从左向右计算每个表达式的值,逗号表达式的值为表达式 n 的值。例如,逗号表达式 a=4-1, 15%7 的值为 1。

【说明】

① 在所有运算符中,逗号运算符的优先级最低,比如 a=(4-1, 15%7)是赋值表达式;而 a=4-1, 15%7 是逗号表达式。

② 一个逗号表达式可以与另一个逗号表达式组成一个新的逗号表达式,比如(a=4-1, 15%7), a*=5。

【例2-13】 求 y=(x=2, 4*8, x+9)逗号表达式的值。

【题目分析】先计算逗号表达式 x=2, 4*8, x+9 的值, 再将逗号表达式的结果 11 赋给变量 y。本题逗号表达式的结果为 11。

2.8 各种数据类型间的混合运算

整型、实型、字符型数据可以混合运算, 比如以下形式是合法的: 5+'b'+1.67-35/11。通常参与运算的数据类型不完全一致时, 应先将其转换成相同的数据类型, 再进行相应运算。

C 语言中的类型转换有两种, 一种是自动类型转换, 另一种是强制类型转换。

自动类型转换在程序编译时由编译程序按照一定规则自动完成, 不需人为干预。自动类型转换规则如图 2-13 所示。

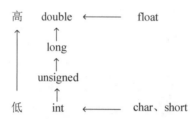

图 2-13 自动类型转换规则

其中, 横向箭头表示一定要进行的转换, 比如表达式 'a'+2 中的操作数分别是整型和字符型, 此时字符型数据 'a' 先转换成整型 97 后, 再进行 97+2 的加法运算。纵向箭头表示遇高转换, 比如表达式 3+5.0 中的操作数是整型和双精度型, 此时整型数 3 先转换成双精度型数 3.0 后, 再进行 3.0+5.0 的加法运算。

【例 2-14】 自动类型转换。

```
#include <stdio.h>
#include <math.h>
int main()
{
    int s = 5 * 5 * 3.14159;
    printf("s=%d\n",s);
    return 0;
}
```

程序的运行结果如图 2-14 所示。

执行程序时, 5 和 3.14159 都被转换为 double 型计算, 结果也为 double 型, 值为 78.53975。但变量 s 为整型, 故最终结果舍去了小数部分。

s=78

图 2-14 程序运行结果

除了自动类型转换, 还有强制类型转换。强制类型转换是直接将某数据强制转换成指定的数据类型。

强制类型转换的一般形式:

(类型名) (表达式)

强制类型转换的优先级较高，仅次于圆括号。

y=(int)4.6 是将 4.6 强制转换取整，再赋给变量 y，即 y=4。

(double)(8/5)是指将 8/5 的结果 1 强制转换成 double 类型，结果为 1.0。

(double)8/5 是指将 8 强制转换成 double 类型，再执行/5，结果为 1.6。

【例 2-15】 阅读程序，说说程序的输出结果。

```c
#include <stdio.h>
#include <math.h>
int main()
{
    double a=6.1;
    int b;
    b=(int)a;
    printf("a=%lf,b=%d\n",a,b);
    return 0;
}
```

程序的运行结果如图 2-15 所示。

注意：强制类型转换只改变目的变量的类型，不改变原始变量的类型。

```
a=6.100000,b=6
```

图 2-15 程序运行结果

本 章 小 结

C 语言程序能够使用不同类型的数据，熟悉并掌握数据的表示和数据的处理是编写程序的基础。本章贯穿了"基础—应用"这一主线，主要介绍了 C 语言的基本数据类型、常量和变量、关键字和标识符、几种常用的运算符和表达式计算等，再结合例题进行基础知识的分析。

自 测 题

一、单选题

1. 下列 C 语言用户标识符中合法的是( )。

    A. 3ax   B. x   C. case   D. −e2

2. 下列四组选项中，合法的 C 语言用户标识符是( )。

    A. %x   B. a+b   C. a123   D. 123

3. 下列四组选项可以用作 C 语言程序中的用户标识符的是( )。

    A. aBc db8 _3d print   B. 3pai start$it one_half B. I\am

    C. while pow Cpp str_1   D. My- Pxq>His.age line# book

4. C 语言中的简单数据类型包括( )。

    A. 整型、实型、逻辑型   B. 整型、实型、逻辑型、字符型

    C. 整型、字符型、逻辑型   D. 整型、实型、字符型

5. 在 C 语言程序中，表达式 5%2 的结果是( )。

　　　　A. 2.5　　　　　　B. 2　　　　　　　C. 1　　　　　　　D. 3

6. 下面(　　)表达式的值为 4。

　　　　A. 11/3　　　　　B. 11.0/3　　　　　C. (float)11/3　　　D. (int)(11.0/3+0.5)

7. 设整型变量 a=2,则执行下列语句后,浮点型变量 b 的值不为 0.5 的是(　　)。

　　　　A. b=1.0/a　　　B. b=(float)(1/a)　　C. b=1/(float)a　　D. b=1/(a*1.0)

8. 若 "float f=13.8; int n;",则执行 "n=(int)f%3" 后,n 的值是(　　)。

　　　　A. 1　　　　　　B. 4　　　　　　　C. 4.333333　　　D. 4.6

9. 已知字母 A 的 ASCII 码为十进制数 65,且 c2 为字符型,则执行语句 c2='A'+'6'-'3'
后,c2 中的值为(　　)。

　　　　A. D　　　　　　B. 68　　　　　　C. 不确定的值　　　D. C

10. 在 Visual C++ 2010 中,int 类型变量所占的字节数是(　　)。

　　　　A. 1　　　　　　B. 2　　　　　　　C. 3　　　　　　　D. 4

11. 若有以下定义: int k=7,x=12,则能使值为 3 的表达式是(　　)。

　　　　A. x%=(k%5)　　B. x%=(k-k%5)　　C. x%=k-k%5　　D. (x%=k)-(k%=5)

12. 已知各变量的类型说明如下:

```
int k,a,b;
unsigned long w=5;
double x=1.42;
```

则不符合 C 语言语法的表达式是(　　)。

　　　　A. x%(-3)　　　　　　　　　　　B. w+=-2

　　　　C. k=(a=2,b=3,a+b)　　　　　　D. a+=a-=(b=4)*(a=3)

13. 若 t 为 double 类型,表达式 t=1,t+5,t++的值是(　　)。

　　　　A. 1　　　　　　B. 6.0　　　　　　C. 2.0　　　　　　D. 1.0

14. 设 int n=3,则表达式++n,n 的结果是(　　)。

　　　　A. 2　　　　　　B. 3　　　　　　　C. 4　　　　　　　D. 5

15. 表达式 18/4*sqrt(4.0)/8 值的数据类型是(　　)。

　　　　A. int　　　　　B. float　　　　　C. double　　　　D. 不确定

16. 已知 int x=023,表达式++x 的值为(　　)。

　　　　A. 17　　　　　B. 18　　　　　　C.19　　　　　　D. 20

17. 字符串 "EFGH" 在内存中所占的字节数是(　　)。

　　　　A. 4　　　　　　B. 5　　　　　　　C.6　　　　　　　D.7

18. 若有代数式 $\dfrac{3ae}{bc}$,则不正确的 C 语言表达式是(　　)。

　　　　A. a/b/c*e*3　　B. 3*a*e/b/c　　C. 3*a*e/b*c　　　D. a*e/c/b*3

19. 要为字符型变量 a 赋初值,下列语句中哪一个是正确的? (　　)

　　　　A. char a='3';　　B. char a="3";　　C. char a=*;　　　D. char a=%;

20. 若有声明语句 char c='\72',则变量 c 在内存中占用的字节数是(　　)。

　　　　A. 1　　　　　　B. 2　　　　　　　C. 3　　　　　　　D.4

二、填空题

1. 假设所有变量为 int 型，则表达式(a=2,b=5,b++,a+b)的值是_____。

2. 若 x 是 int 型变量，则执行表达式 x=(a=4,6*2)后，x 的值是_____。

3. 若 k 是 int 型变量且赋值为 7,请写出赋值表达式 k*=k+3 的运算结果_____。

4. 在 Visual C++ 2010 中，char 和 short 类型数据在内存中所占的字节数分别是_____和_____。

5. 已知 a=3，b=5，当执行表达式 a=b，b=a 后，a 和 b 的值分别是_____和_____。

6. 在 C 语言中，数值常量 59、0123、0X9f 对应的十进制数分别为_____、_____、_____。

7. 数学式 $x_1 = \dfrac{-b+\sqrt{b^2-4ac}}{2a}$ 的 C 语言表达式是_____。

8. 空字符串占用的内存空间是_____个字节。

9. 有 float x=2.5,y=4.7;int a=7，表达式 x+a%3*(int)(x+y)%2/4 的值为_____。

10. C 语言规定,标识符只能是_____、_____、_____三种字符组成，而且第一个字符必须是_____或_____。

11. 有以下程序:

```c
#include <stdio.h>
int main()
{
    int a=2,b=3,c=4;
    a*=16+(b++)-(++c);
    printf("%d",a);
    return 0;
}
```

程序运行后输出的结果为_____。

12. 有以下程序:

```c
#include <stdio.h>
int main()
{
    int i=010,j=10;
    printf("%d,%d\n",i,j);
    return 0;
}
```

程序运行后输出的结果为_____。

13. 有以下程序:

```c
#include <stdio.h>
int main()
{
    printf("My\tCountry.\n");
    printf("I am hap\160\x79.\n");
    return 0;
}
```

程序运行后输出的结果为_____。

14. 有以下程序:

```c
#include <stdio.h>
int main()
{
    float x=45.5678;
    x=(int)(x*100+0.5)/100.0;
    printf("x=%.2f\n",x);
    return 0;
}
```

程序运行后的输出结果为_____。

15. 有以下程序:

```c
#include <stdio.h>
int main()
{
    int x=5,y=15 ;
    x+=x;
    printf("%d\n",x);
    x*=4+3;
    printf("%d\n",x);
    x%=(y%2);
    printf("%d\n",x);
    return 0;
}
```

程序运行后的输出结果为_____。

三、编程题

1. 输入一个大写字母,输出其对应的小写字母。

2. 输入一个华氏温度,输出摄氏温度。公式为 C=5*(F-32)/9,其中,C 为摄氏温度,F 为华氏温度。

3. 输入两个整数,求出它们的商和余数。

第 3 章

顺序结构程序设计

本章要点

◎ 输出语句的使用方法

◎ 输入语句的使用方法

学习目标

◎ 掌握 C 语言语句

◎ 掌握 C 语言数据的输入方法

◎ 掌握 C 语言数据的输出方法

3.1 C 语言语句

在程序中按语句出现的顺序逐条执行，由这样的语句构成的程序结构称为顺序结构。

C 语言程序中的操作和控制结构都是用语句来实现的，语句是程序的基础。程序文件由多个函数构成，而函数则由多条语句构成。语句按在程序中所起的作用分为说明语句和可执行语句。说明语句用来完成对数据的描述，可执行语句用来完成对数据的操作。

C 语言可执行语句分为：表达式语句、函数调用语句、控制语句、空语句、复合语句。

1. 表达式语句

表达式语句由表达式加上分号";"组成，其一般形式为：

```
表达式;
```

例如，"a=8"是一个表达式，而"a=8;"则是一个表达式语句。这是由赋值表达式构成的语句，称为赋值语句。

任何表达式都可以加上分号而成为语句，例如，"i++;"是一个语句，作用是让 i 的值加 1；"y*3+5;"也是一个语句，作用是完成 y*3+5 的操作，但是操作完了并没有赋给另一变量，所以它并无实际意义。

2. 函数调用语句

函数调用语句由一个函数调用加上分号";"构成。例如：

```
printf("I am a student!");
```

其中，printf("I am a student!")是一个函数调用，加上分号就构成了函数调用语句。下面的也是函数调用语句。

```
scanf("%d",&a);
putchar(ch);
```

3. 控制语句

控制语句用于完成一定的控制功能。C 语言只有 9 种控制语句，分别为：条件 if 语句、多分支选择 switch 语句、循环 while 语句、循环 do-while 语句、循环 for 语句、跳出本层的循环 break 语句、结束本次循环 continue 语句、函数返回 return 语句、无条件转向 goto 语句。

例如，以下代码中的 if 语句就是一条控制语句，用于执行判断条件以控制程序的流程：

```
if(a>b)
    max=a;
else
    max=b;
```

以下代码中的 while 语句也是一条控制语句，用于执行循环操作：

```
while(i<10)
{
    sum=sum+i;
    i++;
```

```
}
```

关于控制语句在后面的相关章节将进行详细讲解。

4. 空语句

只有一个分号的语句叫空语句。空语句什么也不做，但它也是一条语句。

5. 复合语句

用一对大括号"{ }"将多条语句括起来，这个整体叫一条复合语句。例如：

```
{
    sum=sum+i;
    i++;
}
```

以上复合语句包含了两条普通语句。

注意：空语句是将 0 条语句变成一条语句，复合语句是将多条语句变成一条语句，这两者的作用主要是为了配合控制语句的需要，控制语句的内嵌语句有且仅有一条语句，当控制语句的内嵌语句不是一条语句时，要用到空语句或复合语句来处理成一条语句。

3.2 数据输出

输入(Input)是将数据、指令及某些标志信息等输送到计算机中去，键盘、鼠标、摄像头、扫描仪、光笔、手写输入板、游戏杆都属于输入设备。输出(Output)是将计算或处理的结果以人能识别的各种形式，如数字、符号、字母等表示出来，常见的输出设备有显示器、打印机、绘图仪、影像输出系统、语音输出系统等。输入输出(I/O)是用户和计算机之间的交互方式。

C 语言本身不提供输入输出语句，输入输出操作是由 C 标准函数库中的函数实现的。C 语言提供了丰富的输入输出库函数。在使用系统库函数时，要在程序的开头用预处理指令将实现输入输出的头文件包含进来。导入头文件的方式如下所示：

```
#include <stdio.h>
```

printf 和 scanf 是 C 语言中非常重要的两个函数，也是学习 C 语言必学的两个函数。在 C 语言程序中，几乎没有一个程序不需要这两个函数，尤其是输出函数 printf。

1. printf 函数的形式

printf 函数是 C 语言提供的标准输出函数，用来在终端设备上按指定格式输出数据。printf 函数的调用格式如下：

```
printf("格式化字符串",输出列表)
```

其中，"格式化字符串"包括两部分内容：一部分是正常字符，这些字符将按原样输出；另一部分是格式化规定字符，以"%"开始，后跟一个或几个规定字符，用来确定输出内容的格式。"输出列表"是需要输出的一系列参数，其个数必须与格式化字符串所说明的输出参数个数一样多，各参数之间用逗号","分开，且顺序一一对应，否则将会出现意想不到的错误。

2. printf 函数中的格式说明

格式化字符串的格式是:

`%[标志][输出最小宽度][.精度][长度]格式字符`

printf 函数的格式字符及其功能如表 3-1~表 3-3 所示。

表 3-1　格式字符及其功能

格式字符	说　明
%c	输出一个字符
%d 或%i	按十进制整型数据的实际长度输出
%o	以八进制整数形式输出
%x	以十六进制整数形式输出
%u	输出无符号整型
%f	用来输出实数,包括单精度和双精度,以小数形式输出
%e	以浮点数指数形式输出
%g	由系统决定采用%f 还是%e 格式输出,以使输出宽度最小
%p	输出地址值
%s	输出字符串
%%	输出一个%

表 3-2　宽度及精度说明

宽度及精度	说　明
%md	指定输出占 m 位,若 m 比实际少,则按实际宽度输出
% m.nf	输出浮点数, m 为宽度, n 为小数点右边数位
%m.ns	输出 m 位,取字符串(左起)n 位,左补空格;当 n>m 或 m 省略时,m=n

表 3-3　其他标志说明

标　志	说　明
+	右对齐,不足左边补空格,正数时输出"+",可以省略
-	左对齐,不足右边补空格
空格	若符号为正,显示空格;若符号为负,则显示"-"
#	对 c,s,d,u 类,无影响;对 o 类,在输出时加前缀 0;对 x 类,在输出时加前缀 0x;对 e,g,f 类,当结果有小数时才给出小数点

3. printf 函数的使用

【例 3-1】分析输出的结果。

```
#include <stdio.h>
int main()
{
    int a,b;
```

```
    a=6;
    b=10;
    printf("a=%d,b=%d",a,b);
    return 0;
}
```

程序的运行结果如图 3-1 所示。

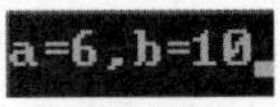

【结果分析】输出语句格式化字符串中包含%d，分别代替了两个整数，后面的输出列表一定有两个整数与之对应；格式化字符串中的其他字符原样输出。

图 3-1　程序运行结果

【例 3-2】　分析输出的结果。

```
#include <stdio.h>
int main()
{
    int i=97;
    printf("i=%d,%c\n",i,i);
    return 0;
}
```

程序的运行结果如图 3-2 所示。

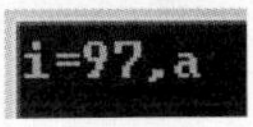

【结果分析】本例中需要输出两次 i 的值，使用%d 输出 1 个整数，即 i 的整型值 97；而用%c 输出 1 个字符，即 ASCII 值为 97 对应的字符，也就是小写字母 a。"\n"表示回车换行字符，通常出现在输出语句的末尾，表示输出后另起一行。

图 3-2　程序运行结果

【例 3-3】　分析输出的结果。

```
#include <stdio.h>
int main()
{
    int i=97;
    printf("i=%5d,%5c\n",i,i);
    return 0;
}
```

程序的运行结果如图 3-3 所示。

【结果分析】本例中指定了输出的宽度，输出的整数 97 占了 5 个字符位，所以它前面有 3 个空格；输出的字符 a 也要占 5 个字符位，所以它前面有 4 个空格。

图 3-3　程序运行结果

【例 3-4】　分析输出的结果。

```
#include <stdio.h>
int main()
{
    int i = 47;
    printf("%x\n", i);
    printf("%X\n", i);
    printf("%#x\n", i);
    printf("%#X\n", i);
```

```
    return 0;
}
```

程序的运行结果如图 3-4 所示。

【结果分析】本例中有 4 条输出语句,都是以十六进制的形式输出整数 i 的值,从输出结果可以看出,如果是小写的 x,输出的字母就是小写的,如果是大写的 X,输出的字母就是大写的;如果加一个 #,就以标准的带前导 0x 的十六进制形式输出。

【例 3-5】 分析输出的结果。

图 3-4　程序运行结果

```
#include <stdio.h>
int main()
{
    float a =189.52;
    printf("%f\n", a);
    printf("%e\n", a);
    printf("%g\n", a);
    return 0;
}
```

程序的运行结果如图 3-5 所示。

【结果分析】本例中,第一个输出语句是以小数格式输出 189.52,在不指定输出精度时,系统默认输出 6 位小数,实数都是近似数,不是准确数,float 类型十进制数 7～8 位有效,后面的就不准了,出来的一些数是随机的,所以出现如图的结果。第二个输出语句按指数格式进行输出,小数位数默认的也是 6 位小数。第三个输出语句用%g 格式进行输出,由系统决定采用%f 格式还是%e 格式输出,以使输出宽度最小,它不显示无效的字符。

图 3-5　程序运行结果

【例 3-6】 分析输出的结果。

```
#include <stdio.h>
int main()
{
    int a=1234;
    float f=3.141592653589;
    double x=0.12345678987654321;
    printf("a=%6d\n", a);          /*结果输出 6 位十进制数 a=  1234*/
    printf("a=%06d\n", a);         /*结果输出 6 位十进制数 a=001234*/
    printf("a=%2d\n", a);          /*a 超过 2 位,按实际值输出 a=1234*/
    printf("f=%f\n", f);           /*输出浮点数 f=3.141593*/
    printf("f=%6.4f\n", f);        /*输出 6 位其中小数点后 4 位的浮点数 f=3.1416*/
    printf("x=%lf\n", x);          /*输出长浮点数 x=0.123457*/
    printf("x=%18.16lf\n", x);
    /*输出 18 位其中小数点后 16 位的双精度实数 x=0.1234567898765432*/
    return 0;
}
```

程序的运行结果如图 3-6 所示。

【结果分析】本例中，第一条输出语句输出指定宽度是 6 位，靠右对齐，前面补 2 个空格；第二条输出指定宽度也是 6 位，靠右对齐，格式控制里加了 0，所以前面补 2 个 0；第三条输出指定宽度是 2 位，实际的数据是 4 位，所以输出实际数据的长度；第四条按默认格式输出实数，所以整数部分按实际数据输出，小数部分保留 6 位；第五条指定总宽度 6 位小数 4 位输出实数；第六条默认格式输出长浮点数，一般情况下，float 型数据使用 %f 输出，而 double 型数据使用 %lf 输出；第七条指定总宽度 18 位小数 16 位输出双精度实数。

```
a=    1234
a=001234
a=1234
f=3.141593
f=3.1416
x=0.123457
x=0.1234567898765432
```

图 3-6　程序运行结果

【例 3-7】　分析输出的结果。

```
#include <stdio.h>
int main()
{
    int a=100;
    printf("a=%d\n",a);
    printf("a=%10d\n",a);
    printf("a=%-10d\n",a);
    printf("a=%+d\n",a);
    return 0;
}
```

程序的运行结果如图 3-7 所示。

【结果分析】本例中，第一条输出语句输出数值的实际位数；第二条输出总共 10 位，实际数值 3 位，靠右对齐，左边补 7 个空格；第三条输出总共 10 位，实际数值 3 位，靠左对齐，右边补 7 个空格；第四条输出符号 + 号。

```
a=100
a=       100
a=100
a=+100
```

图 3-7　程序运行结果

【例 3-8】　分析输出的结果。

```
#include <stdio.h>
int main()
{
    printf("%%\n");
    printf("\\\n");
    printf("\"\n");
    printf("\'\n");
    return 0;
}
```

程序的运行结果如图 3-8 所示。

【结果分析】本例中，格式字符串中包含特殊字符，需要使用反斜杠 "\" 进行转义，使用 "\\" 表示字符 "\"，"\"" 表示字符 """，"\'" 输出字符 "'"，而 "%%" 则表示字符 "%"。

图 3-8　程序运行结果

3.3　数据输入

C 语言中使用 scanf 函数进行数据输入。scanf 函数是 C 语言提供的标准输入函数，作用就是从键盘上读入数据。

1. scanf 函数的形式

scanf 函数的一般形式如下:

```
scanf("格式化字符串", 输入列表);
```

scanf 函数将从键盘输入的字符转换为"输入控制符"所规定格式的数据,然后存入以输入参数的值为地址的变量中。

以下代码实现了从键盘中读入一个整数并存入变量 i 中:

```
#include <stdio.h>
int main()
{
    int i;
    scanf("%d", &i);  //&i 表示变量 i 的地址,&是取地址符
    printf("i = %d\n", i);
    return 0;
}
```

【说明】

① scanf 函数的"格式化字符串"和 printf 函数的"格式化字符串"类似。

② "输入列表"中变量必须是变量的地址,或者是一个表达地址的变量。

2. scanf 函数中的格式说明

格式化字符串中的占位符都必须用%开头,以一个格式字符作为结束,和 printf 函数类似,其格式及功能如表 3-4 和表 3-5 所示。

表 3-4 输入的格式字符及其功能

格式字符	说　明
%c	输入一个字符
%d 或%i	输入带符号的十进制整型数据
%o	以八进制整数形式输入整型数据
%x	以十六进制形式输入整型数据
%u	以无符号十进制整型形式输入整型数据
%f 或%e	输入实型数,单精度用 f 和 e,双精度用 lf 和 le
%s	输入一个字符串

表 3-5 输入的附加格式字符及其功能

格式字符	说　明
l	输入长数据,加在 d、i、o、x、u 之前用于输入 long 型数据,加在 f、e 之前用于输入 double 型数据
h	输入短数据,加在 d、i、o、x 之前用于输入 short 型数据
m	指定输入数据所占宽度
*	空读一个数据

【说明】

① "输入列表"应当是变量的地址，而不是变量名。例如：

```
int a,b;
scanf("%d%d",a,b);
```

以上输入语句是不对的，应该改成：

```
scanf("%d%d",&a,&b);
```

其中，&是地址运算符，后面章节将会学习使用，这里先记住输入列表的普通变量前面要加上地址符号&。

② 控制台输入数据时需要在输入的不同数据之间加上间隔，可以是空格、制表符或者回车。例如：

```
8  20↵
```

或者

```
8↵
20↵
```

③ "格式化字符串"中可以使用其他非空白字符，但在输入时必须输入这些字符。例如：

```
scanf("a=%d,b=%d",&a,&b);
```

上面输入语句在输入数据时应在对应位置输入同样的字符：

```
a=10,b=30↵
```

在非必要时，尽量不要在"格式化字符串"中加入其他字符，因为运行程序时不一定知道当时编程时加入的是哪些字符。

④ 在用"%c"输入时，空格和"转义字符"均作为有效字符。例如：

```
char c1,c2,c3;
scanf("%c%c%c",&c1,&c2,&c3);
```

正确的做法是在输入数据的三个字符之间不加间隔：

```
abc↵
```

如果在输入的三个字符之间加了空格：

```
a b c↵
```

那么空格也作为输入字符被读入，字符 a 赋值给了 c1 变量，字符空格赋值给了 c2 变量，字符 b 赋值给了 c3 变量。

⑤ 在百分号%与格式字符之间的整数用于限制从对应域读入的最大字符数。例如：

```
int a,b,c;
scanf("%3d%2d%3d",&a,&b,&c);
```

如果输入以下数据：

```
123456789↵
```

程序会将 123 赋值给 a，将 45 赋值给 b，将 678 赋值给 c。

⑥ 在"格式化字符串"中，如果在百分号%与格式字符之间添加*号，可以跳过对应的输入数据。例如：

```
int a,b,c;
scanf("%d%*d%d%d",&a,&b,&c );
```

如果输入以下数据：

```
21 22 23 24↙
```

程序会将 21 赋值给 a，将 23 赋值给 b，将 24 赋值给 c，数值 22 被跳过。

⑦ scanf 函数有返回值，它的值是本次正确输入的数据项的个数。

3.4 顺序结构程序设计实例

【例 3-9】 由控制台输入两个整数赋值给变量 x 和 y，然后输出 x 和 y；再交换 x 和 y 中的值后，再一次输出 x 和 y。

```
#include <stdio.h>
int main()
{
    int x,y,t;
    printf("请输入 x 和 y 的值\n");
    scanf("%d%d",&x,&y);
    printf("x=%d y=%d\n",x,y);
    t=x;
    x=y;
    y=t;
    printf("x=%d y=%d\n",x,y);
    return 0;
}
```

程序的运行结果如图 3-9 所示。

为了交换两个变量的值，可以设一个中间变量，暂时保存其中一个要交换的值。

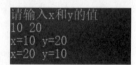

【例 3-10】 输入一个 double 类型的数，使该数保留小数点后两位后再输出，对第三位小数进行四舍五入处理。

图 3-9　程序运行结果

```
#include <stdio.h>
int main()
{
    double x;
    printf("请输入 x 值\n");
    scanf("%lf", &x);
    printf("x = %f\n", x);
    x = x * 100;
    x = x + 0.5;
    x =(int)x;
```

例 3-10 保留两位小数

```
    x = x /100;
    printf("x = %f\n", x);
    return 0;
}
```

程序的运行结果如图 3-10 所示。

请输入x值
12.345678
x = 12.345678
x = 12.350000

为了使该数保留小数点后两位，可以通过 4 步实现：第 1 步乘以 100，第 2 步加 0.5，第 3 步取整，第 4 步除以 100。

【例 3-11】　输入圆的半径，输出圆的周长与面积。

图 3-10　程序运行结果

```
#include <stdio.h>
int main()
{
    double pi = 3.14159;
    double r,peri,area;
    printf("请输入圆的半径 r: \n");
    scanf("%lf", &r);
    peri = pi * r * 2;
    area = pi * r * r;
    printf("周长: %lf\n", peri);
    printf("面积: %lf\n", area);
    return 0;
}
```

例 3-11 计算圆的
周长、面积

程序的运行结果如图 3-11 所示。

请输入圆的半径r:
5.5
周长: 34.557490
面积: 95.033097

图 3-11　程序运行结果

本 章 小 结

本章主要讲解了 C 语言的语句、数据输出与输入方法。C 语言可执行语句分为表达式语句、函数调用语句、控制语句、空语句、复合语句，其中输入输出语句都是函数调用语句。本章重点介绍了输出语句 printf 函数和输入语句 scanf 函数的使用方法，其中有较多的细节需要初学者多练习、理解，并逐步掌握。

自 测 题

一、单选题

1. 下列关于复合语句及空语句的说法中正确的是(　　)。

    A. 复合语句中的最后一个语句的最后一个分号可以省略

    B. 复合语句不可以嵌套

    C. 空语句在执行时没有动作，因此没有用途

D. 空语句可以做"延时"使用

2. 有以下程序段：

```
int a,b,c;
scanf("%d,%d,%d",a,b,c);
printf("%d,%d,%d\n",++a,b,c--);
```

若从键盘输入：1,2,3 <回车>，则程序运行后输出的结果是(　　　)。

A. 1,2,3　　　　　　B. 2,2,2　　　　　　C. 1,1,1　　　　　　D. 输出错误的结果

3. 有以下程序段：

```
char ch1,ch2;
scanf("%c",&ch1);
ch1=ch1+'4'-'2';
ch2=ch1+'5'-'3';
printf("%d %c\n",ch1,ch2);
```

如果输入字符 A，则程序运行后输出的结果是(　　　)。

A. A　C　　　　　　B. A　E　　　　　　C. C　67　　　　　　D. 67　E

4. 以下程序段运行的结果是(　　　)。

```
char x=060;
printf("%d,%c\n",x,x);
```

A. 48,0　　　　　　B. 48,48　　　　　　C. 60,60　　　　　　D. 60,0

5. 下面程序的输出结果是(　　　)。

```
int k=11;
printf("%d,%o,%x\n",k,k,k);
```

A. 11,12,11　　　　B. 11,13,13　　　　C. 11,013,0xb　　　D. 11,13,b

6. 已知 int a,b，用语句 scanf("%d%d",&a,&b)输入 a,b 的值时，不能作为输入数据分隔符的是(　　　)。

A. ,　　　　　　　　B. 空格　　　　　　　C. 回车　　　　　　　D. Tab 键

7. 若变量已正确定义为 float 型，用 scanf("%f%f%f",&a,&b,&c)使 a=10.0,b=22.0,c=33.0，以下不正确的输入形式是(　　　)。

A. 10　　　　　　B. 10.0, 22.0, 33.0　　C. 10.0　　　　　D. 10　22　33
　　22　　　　　　　　　　　　　　　　　　22
　　33　　　　　　　　　　　　　　　　　　33

8. 有以下程序段：

```
char a,b,c,d;
scanf("%c%c",&a,&b);
scanf("%c%c",&c,&d);
printf("%c%c%c%c\n",a,b,c,d);
```

当执行程序时，按下列方式输入数据(<CR>代表回车，注意：回车是一个字符)：

```
12<CR>
34<CR>
```

则输出结果是( )。

    A. 1234   B. 12   C. 12   D. 12

                                                    3   34

9. 以下程序运行后的输出结果是( )。

```
int x=011;
printf("%d\n",x);
```

    A. 12   B. 11   C. 10   D. 9

10. 以下叙述中正确的是( )。

    A. 输入项可以是一个实型常量，例如：scanf("%f",3.5);

    B. 只有格式控制，没有输入项，能正确输入数据到内存，例如：scanf("a=%d,b=%d");

    C. 当输入一个实型数据时，格式控制部分可以规定小数点后的位数，例如：
        scanf("%4.2f",&f);

    D. 当输入数据时，必须指明变量地址，例如：scanf("%f",&f);

二、填空题

1. 在 C 语言中，一个 float 型数据在内存中的字节数为 4，一个 double 型数据在内存中所占字节数为_____。

2. 以下代码段运行后的输出结果是_____。

```
int a=200,b=010;
printf("%d%d\n",a,b);
```

3. 有以下代码段：

```
int x,y;
scanf("%2d%3d",&x,&y);
printf("%d\n",x+y);
```

程序运行时输入：12345，运行后的输出结果是_____。

4. 有以下代码段：

```
int a=25,b=025,c=0x25;
printf("%d %d %d\n",a,b,c);
```

程序运行后的输出结果为_____。

5. 若想通过以下输入语句使 a=5.0,b=4,c=3，则输入数据的形式应该是_____。

```
int b,c;
float a;
scanf("%f,%d,c=%d",&a,&b,&c);
```

6. 以下程序的运行结果是_____。

```
float f=3.1415927;
printf("%f,%5.4f",f,f);
```

7. 以下程序运行后的输出结果是_____。

```
float x=31.456,y=23.45;
```

```
printf("%e,%10.2e\n",x,y);
```

三、编程题

1. 编写程序，将 528 分钟换算成用小时和分钟表示。

2. 编写程序，输入两个整数：2500 和 58，求出它们的商和余数并输出。

3. 编写程序，读入三个双精度小数，求它们的平均值并保留此平均值小数点后一位数，对小数点后第二位数进行四舍五入，最后输出结果。

4. 编写程序，读入三个整数赋值给变量 a、b、c，再将 a 的值给 b，b 的值给 c，c 的值给 a，然后输出 a、b、c。

5. 编写程序，输入三个双精度实数，分别求出它们的和、平均值、平方和，并输出各个值。

6. 编写程序，输入一个四位整数，输出该数每个位上的数字之和。如输入 1234，输出 10。

第 **4** 章

选择结构程序设计

本章要点

◎ 关系运算和逻辑运算

◎ 各类运算符的优先级

◎ if 语句的使用

◎ switch 语句的使用

学习目标

◎ 掌握关系运算符及关系表达式

◎ 掌握逻辑运算符及逻辑表达式

◎ 掌握 if 语句的 3 种形式

◎ 掌握 if 语句的嵌套使用

◎ 掌握 switch 语句的使用

4.1 关系运算与逻辑运算

生活中不断面临着选择，从早上刚起床直到晚上进入梦乡，一天中会进行无数次选择，不同的人在不同的条件下会有不同的选择，进行着不同的行为。同理，在程序执行过程中也需要根据各种判断条件进行不同的操作，这就需要有一种选择结构的程序设计思路。C语言提供了 if 语句和 switch 语句两种选择结构。

在选择结构中，需要进行条件判断，在条件成立时执行某个操作或者条件不成立时执行另一个操作，成立或者不成立使用逻辑值表达，逻辑值只有"真"和"假"两个取值。在 C 语言中，没有专门的逻辑值数据类型，而是用整数 0 表示"假"，非 0 表示"真"。对于任何表达式，如果计算结果为 0，代表逻辑"假"，结果不是 0，不管是正数还是负数，都代表逻辑"真"。

4.1.1 关系运算符和关系表达式

1. 关系运算符

所谓关系运算，实际上就是对两个数进行比较运算，比较的结果要么成立，要么不成立，是一个逻辑值。C 语言提供了 6 种关系运算符，分别为：

① < (小于)。

② > (大于)。

③ <= (小于等于)。

④ >= (大于等于)。

⑤ == (等于)。

⑥ != (不等于)。

注意：

① 关系运算符的优先级低于算术运算符，高于赋值运算符。

② <、>、<=、>=这 4 种运算符优先级相同，==、!=这两种运算符优先级相同，前 4 种运算符优先级高于后两种。

③ 关系运算符具有自左向右的结合性。

④ 两个符号表达的运算符之间不能有空格，例如">="不能写成"> ="。

2. 关系表达式

由关系运算符和运算对象组成的表达式，称为关系表达式。关系运算符两边的运算对象可以是任意有效的表达式，例如(a=2)>(b=3)、(a==b)>c 都是有效的关系表达式。

表达式的值是一个逻辑值，结果只能是整数 0 或者整数 1，0 表示表达式不成立，1 表示表达式成立。

【例 4-1】 分析输出的结果。

```
#include <stdio.h>
int main()
{
```

```
int a = 3;
int b = 4;
int c = 5;
printf("%d,",c>a+b);
printf("%d,",c>b<a);
printf("%d,",c>b==1);
printf("%d",a=a==b);
return 0;
}
```

程序的运行结果如图 4-1 所示。

【结果分析】

`0,1,1,0`

图 4-1　程序运行结果

① 表达式"c>a+b"中，算术运算符的优先级高于关系运算符，相当于"c>(a+b)"，所以结果为假。

② 表达式"c>b<a"中，两个运算符优先级相同，按照运算符的左结合性，表达式相当于"(c>b)<a"，相当于"1<a"，整个表达式的结果为真。

③ 表达式"c>b==1"中，两个运算符都是关系运算符，但前者的优先级高于后者，表达式相当于"(c>b)==1"，c>b 为真，比较的结果为 1，1==1，整个结果为真。

④ 表达式"a=a==b"中，有两个运算符，其中赋值运算符的优先级最低，表达式相当于"a=(a==b)"，相当于"a=0"，整个表达式的值就是 a 的值，结果为假。

4.1.2　逻辑运算符和逻辑表达式

当判断条件不是一个条件那么简单，而是由多个条件组合而成时，就需要对逻辑值进行运算。对逻辑值进行运算称为逻辑运算。例如，中国结婚的法定年龄为男不得早于 22 周岁，女不得早于 20 周岁，需要表达出法定结婚的年龄条件，就需要进行逻辑运算。

1. 逻辑运算符

C 语言提供了三种逻辑运算符：

① &&(逻辑与)。

② ||(逻辑或)。

③ !(逻辑非)。

注意：

① 运算符&&和||是双目运算符，运算符! 是单目运算符。

② 逻辑运算符具有自左向右的结合性。

③ 逻辑运算符的优先级由高到低依次是：! 、&&、||。

④ 逻辑运算符和其他运算符之间的优先级由高到低依次是：!、算术运算符、关系运算符、&&、||、赋值运算符。

2. 逻辑表达式

由逻辑运算符和运算对象组成的表达式，称为逻辑表达式。逻辑运算的对象可以是任意有效的逻辑表达式，例如(a>0)&&(b==1)、(!a)||(b>c)都是有效的逻辑表达式。

逻辑表达式的结果也是逻辑值，为真或者为假，逻辑运算的运算规则如表 4-1 所示。

C 语言实例化教程(微课版)

表 4-1 逻辑运算规则表

a	b	!a	a&&b	a||b
非 0	非 0	0	1	1
非 0	0	0	0	1
0	非 0	1	0	1
0	0	1	0	0

注意:

① &&运算时,运算对象都为真,结果为真,否则结果为假。

② ||运算时,运算对象都为假,结果为假,否则结果为真。

③ 数学中的关系式 10<x<100,用 C 语言可表达为 x>10&&x<100。

【例 4-2】 分析输出的结果。

```c
#include <stdio.h>
int main()
{
    int a = 5;
    int b = 8;
    int c = 10;
    printf("%d,",a<b&&b>c);
    printf("%d,",a<b||b>c);
    printf("%d,",!c>a);
    printf("%d",b%2==0&&c%2==0);
    return 0;
}
```

程序的运行结果如图 4-2 所示。

【结果分析】

0,1,0,1

图 4-2 程序运行结果

① 表达式 "a<b&&b>c" 中,关系运算符的优先级高于逻辑运算符,相当于 "(a<b)&&(b>c)",a<b 为真,b>c 为假,相与的结果为假。

② 表达式 "a<b||b>c" 相当于 "(a<b)||(b>c)",a<b 为真,不管后面结果如何,相或的结果为真。

③ 表达式 "!c>a" 中,! 的优先级高于>,!c 的结果为 0,0>a 的结果为假。

④ 表达式 "b%2==0&&c%2==0" 中,有 3 种运算符,其中算术运算符优先级最高,其次是关系运算符,最后是相与运算符&&,因此表达式相当于 "((b%2)==0)&&((c%2)==0)",表达的意思是 b 和 c 是否都是偶数,如果都是结果为真,否则为假。

【例 4-3】 分析输出的结果。

```c
#include <stdio.h>
int main()
{
    int a = 3;
    int b = 3;
    int c = 1;
    int d = 1;
```

52

```
    printf("%d\n",++a||++b);
    printf("a=%d,b=%d\n",a,b);
    printf("%d\n",--c&&--d);
    printf("c=%d,d=%d\n",c,d);
    return 0;
}
```

程序的运行结果如图 4-3 所示。

【结果分析】

① 本题的关键之处在于||运算，左边确定为真后右边无论为何值，结果都为真，因此对于||运算，如果左边为真，右边不再参与运算，这种情况类似于物理中的"短路"现象，称为"短路或"。同理，对于&&运算，左边如果为假，右边也不参与运算，称为"短路与"。

图 4-3　程序运行结果

② 表达式"++a||++b"中，先进行算术运算，将整数 a 自增 1，增后为 4，对于||运算左边非 0 为真，结果为真，右边不运算，b 值不变。

③ 表达式"--c&&--d"中，整数 c 自减 1 后等于 0，对于&&运算左边为假，结果一定为假，右边不运算，d 值不变。

4.2　if 语句

编写程序过程中，顺序结构的代码是远远不够的，经常需要判断是否执行某个操作，或者根据判断选择执行不同的操作。C 语言使用关键字 if 实现选择功能，if 语句根据选择的分支个数分为单分支、双分支和多分支。

4.2.1　单分支 if 语句

单分支 if 语句的语法格式如下：

```
if(条件判断表达式)
{
    语句块
}
```

if 语句中，当"条件判断表达式"的结果是"真"时，执行大括号中的"语句块"，否则不执行。如果"语句块"只有一条语句，可以省略大括号。

执行过程如图 4-4 所示。

【例 4-4】 输入一个整数，输出其绝对值。

【题目分析】定义两个变量 num 和 result，分别保存输入的整数和取绝对值后的值，先假设输入的 num 值是正整数，令 result 值等于 num 值；再判断输入的 num 值是否是负数，如果是，需要将结果 result 值取相反数。程序流程图如图 4-5 所示。

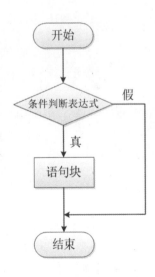

图 4-4　单分支 if 语句流程图

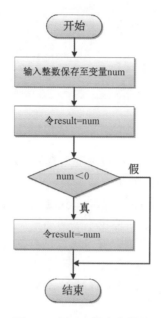

图 4-5　例 4-4 程序流程图

参考代码如下：

```c
#include <stdio.h>
int main( )
{
    int num,result;
    printf("请输入一个整数\n");
    scanf("%d",&num);
    result = num;
    if(num <0)
    {
        result = - num;
    }
    printf("%d 的绝对值为%d\n",num,result);
    return 0;
}
```

程序的运行结果如图 4-6 所示。

图 4-6　程序运行结果

【例 4-5】 输入不相等的两个整数，输出较大数。

【题目分析】定义两个变量 a 和 b，保存输入的两个整数进行判断输出，如果 a 大于 b 输出 a，如果 a 小于 b 则输出 b。

参考代码如下：

```c
#include <stdio.h>
```

```
int main( )
{
    int a,b;
    printf("请输入不相等的两个整数\n");
    scanf("%d%d",&a,&b);
    if(a>b)
        printf("较大数是%d",a);
    if(a<b)
        printf("较大数是%d",b);
    return 0;
}
```

程序的运行结果如图 4-7 所示。

图 4-7　程序运行结果

【说明】

①　使用一对大括号"{ }"括起来的语句，称为复合语句，复合语句可以包含多条语句，也可以只包含一条语句，如果只有一个语句，可以省略大括号。

②　本题进行两次判断输出较大值，利用例 4-4 的思路只要做一次判断，也可以实现同样的功能：定义一个变量 max，先令 max=a，比较 a 和 b 的值，如果 b 大于 a，则 max=b。

参考代码如下：

```
#include <stdio.h>
int main( )
{
    int a,b;
    int max;
    printf("请输入不相等的两个整数\n");
    scanf("%d%d",&a,&b);
    max = a;
    if(a<b)
        max = b;
    printf("较大数是%d",max);
    return 0;
}
```

③　例 4-5 的代码中 a 和 b 比较了两次，虽然结果正确，但是显然重复了，第二次比较没有必要，使用双分支 if 语句更加合理。

4.2.2　双分支 if 语句

一次判断有真和假两种结果，分别进行不同的操作，称为双分支 if 语句，也称为 if-else 语句。

双分支 if 语句的语法结构为：

```
if(条件判断表达式)
{
    语句块 1
}
else
{
    语句块 2
}
```

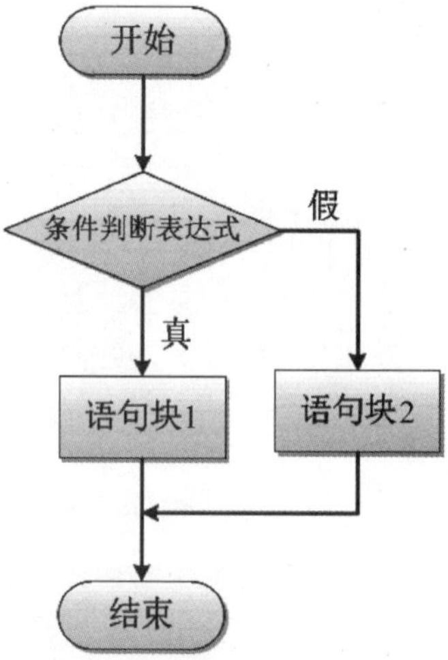

图 4-8　if-else 语句流程图

if-else 语句中，只进行一次判断，当“条件判断表达式”的结果是“真”时，执行“语句块 1”，否则执行“语句块 2”。如果“语句块 1”或者“语句块 2”只有一条语句，可以省略对应的大括号。

执行过程如图 4-8 所示。

【例 4-6】 输入不相等的两个整数，使用 if-else 语句输出较大数。

【题目分析】 本题明确要求使用 if-else 语句，只需要判断一次，如果 a>b 输出 a 的值，否则输出 b 的值。程序流程图如图 4-9 所示。

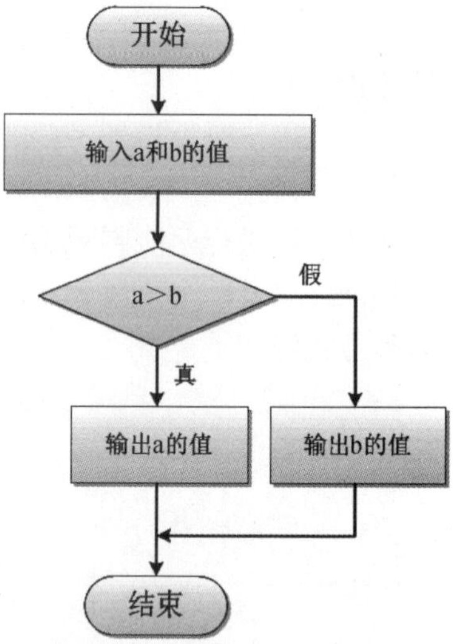

图 4-9　例 4-6 程序流程图

参考代码如下：

```
#include <stdio.h>
int main( )
{
    int a,b;
    printf("请输入不相等的两个整数\n");
    scanf("%d%d",&a,&b);
    if(a>b)
        printf("较大数是%d",a);
    else
        printf("较大数是%d",b);
    return 0;
}
```

程序的运行结果如图 4-10 所示。

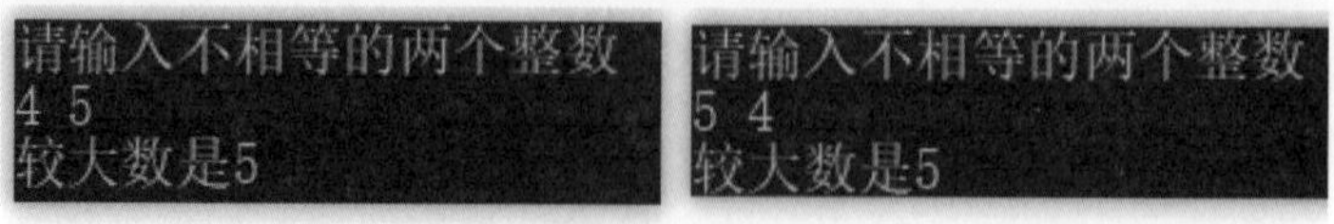

图 4-10　程序运行结果

4.2.3　多分支 if 语句

当判断的结果不止两种情况时，可以使用多分支 if 语句，也称为 if-elseif-else 语句。多分支 if 语句的语法结构为：

```
if(条件判断表达式 1)
```

```
{
    语句块 1
}
else if(条件判断表达式 2)
{
    语句块 2
}
else if(条件判断表达式 3)
{
    语句块 3
}
else
{
    语句块 4
}
```

【说明】

① 执行顺序为：判断"条件判断表达式 1"是否成立，如果成立执行"语句块 1"，结束多分支 if 语句；不成立，则继续判断"条件判断表达式 2"，如果成立执行"语句块 2"，结束多分支 if 语句；不成立，则继续判断"条件判断表达式 3"，都不成立执行"语句块 4"。

执行过程如图 4-11 所示。

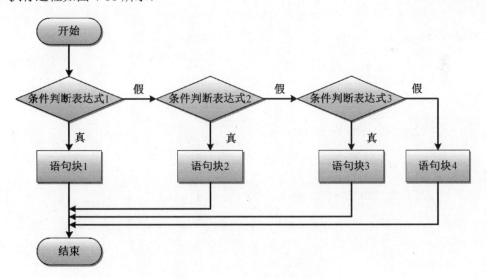

图 4-11　多分支 if 语句流程图

② elseif 分支可以根据需要设置任意个，也可以没有，没有则变为 if-else 语句。

③ 所有条件判断表达式语句具有互斥功能，只要其中一个成立，就不再执行后面的判断。

【例 4-7】　将学生的成绩(0～100 分)转换为相应的等级，大于等于 90 分的为优秀，大于等于 80 分的为良好，大于等于 70 分的为中等，大于等于 60 分的为及格，小于 60 分为不及格。

【题目分析】本题是典型的多分支判断，最多只有一种情况符合要求进行输出操作。程序流程图如图 4-12 所示。

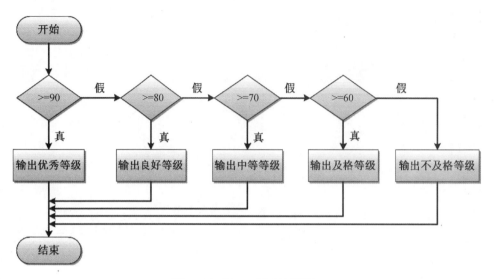

图 4-12 例 4-7 程序流程图

参考代码如下：

```
#include <stdio.h>
int main( )
{
    int score;
    printf("请输入学生成绩(0-100)\n");
    scanf("%d",&score);
    if(score>=90)
        printf("对应的等级为优秀！\n");
    else if(score>=80)
        printf("对应的等级为良好！\n");
    else if(score>=70)
        printf("对应的等级为中等！\n");
    else if(score>=60)
        printf("对应的等级为及格！\n");
    else
        printf("对应的等级为不及格！\n");
    return 0;
}
```

程序的运行结果如图 4-13 所示。

```
请输入学生成绩(0-100)        请输入学生成绩(0-100)
95                          50
对应的等级为优秀！           对应的等级为不及格！
```

图 4-13 程序运行结果

【例 4-8】 有如下函数，输入 x 值，输出对应的函数值 y。

$$y = \begin{cases} x^2+1 & (x>0) \\ 0 & (x=0) \\ 1-x^2 & (x<0) \end{cases}$$

例 4-8 输出函数值

参考代码如下：

```
#include <stdio.h>
int main( )
{
    double x,y;
    printf("请输入 x 值：\n");
    scanf("%lf",&x);
    if(x>0)
        y = x*x + 1;
    else if(x<0)
        y = 1 - x*x;
    else
        y = 0;
    printf("对应的函数值 y=%.2lf\n",y);
    return 0;
}
```

程序的运行结果如图 4-14 所示。

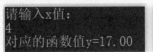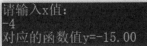

图 4-14　程序运行结果

4.2.4　if 语句的嵌套

if 语句块可以是任意合法的 C 语言语句，如果 if 语句块中依然包含 if 语句，称为 if 语句的嵌套。内嵌的 if 语句既可以出现在 if 子句中，也可以出现在 else 子句中。

嵌套 if 语句的语法结构为：

```
if(条件判断表达式 1)
{
    if(条件判断表达式 2)
    {语句块 1}
    else
    {语句块 2}
}
else
{
    if(条件判断表达式 3)
    {语句块 3}
    else
    {语句块 4}
}
```

【说明】嵌套 if 语句中会出现多个 if 关键字和 else 关键字，要注意其对应关系。一个 if 和一个 else 相匹配，每个 else 和上方离得最近的 if 相匹配。执行过程如图 4-15 所示。

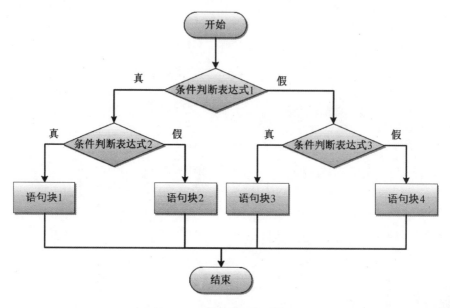

图 4-15　嵌套 if 语句流程图

例 4-9 登录判断

【例 4-9】　根据表 4-2，输入用户名和密码，输出用户登录状态，假设正确的用户名为 admin，密码为 123456。

表 4-2　输出用户登录状态

用 户 名	密 码	提示信息
对	对	登录成功
对	错	密码错误
错	对	用户名不存在
错	错	用户名不存在

【题目分析】本题可以先判断用户名是否正确，如果用户名正确再判断密码是否正确，如果用户名错误，无须再判断密码是否正确。程序流程图如图 4-16 所示。

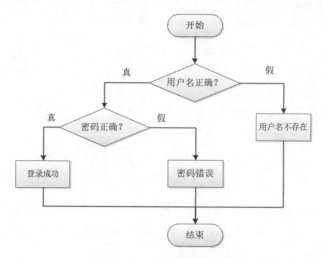

图 4-16　例 4-9 程序流程图

参考代码如下：

```
#include <stdio.h>
#include <string.h>
int main( )
{
    char name[20];
    char pwd[20];
    printf("请输入用户名\n");
    gets(name);
    printf("请输入密码\n");
    gets(pwd);
    if(strcmp(name,"admin")==0)
    {
        if(strcmp(pwd,"123456")==0)
            printf("登录成功\n");
        else
            printf("密码错误\n");
    }
    else
        printf("用户名不存在\n");
    return 0;
}
```

程序的运行结果如图 4-17 所示。

图 4-17　程序运行结果

【说明】gets 函数用于从控制台输入一个字符串，strcmp 函数用于比较两个字符串的大小，具体使用方法请参考教材字符串部分内容。

4.3　switch 语句

当分支较多时，除了可以使用 if 语句外，C 语言还提供了 switch 语句用于处理多分支选择情况。switch 语句的语法结构为：

```
switch(表达式)
{
    case 常量表达式 1：
    语句 1；
    [break；]
    case 常量表达式 2：
    语句 2；
     [break；]
        ⋮
    case 常量表达式 n：
    语句 n；
```

```
    [break; ]
  default:
    语句 n+1;
}
```

【说明】

① switch 下的 case 和 default 必须用一对大括号括起来。

② switch 后面的"表达式"必须是整数类型，可以是 int 型变量、char 型变量，不可以是 float 型变量、double 型变量。

③ 当 switch 后面括号内"表达式"的值与某个 case 后面的"常量表达式"的值相等时，执行此 case 后面的语句。

④ 执行完一个 case 后面的语句后，流程控制转移到下一个 case 继续执行，直到遇到 break 结束 switch 语句。如果只想执行一个 case 语句，不想执行其他 case，就需要在这个 case 语句后面加上 break。

⑤ 每个 case 后面"常量表达式"的值必须互不相同。

⑥ 各个 case 和 default 的出现次序不影响执行结果。但从阅读的角度，最好是按字母或数字的顺序编写。

⑦ 可以不写 default 语句，相当于 if 语句不写 else。

⑧ case 下方可以不写任何语句，但是后面的冒号不能少。

执行过程如图 4-18 所示。

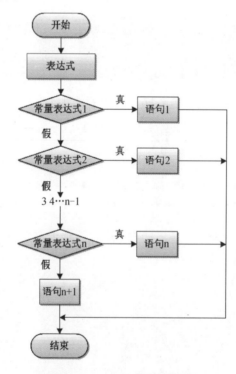

图 4-18 switch 语句流程图

【例 4-10】 表 4-3 为医院的某位工作人员工作安排表，根据输入的星期数(序号)输出工作内容。

例 4-10 根据星期数
输出工作内容

表 4-3 工作安排表

序 号	星 期	工作内容
1	星期一	白班
2	星期二	白班
3	星期三	晚班
4	星期四	休息
5	星期五	晚班
6	星期六	休息
7	星期日	休息

【题目分析】本题分支较多，7 种正确输入和错误输入共 8 种情况，使用 if 语句不够简洁；而且输入是个整数，可以使用 switch 语句进行精确匹配。

参考代码如下：

```c
#include <stdio.h>
int main( )
{
    int day;
    printf("请输入星期数(数字)\n");
    scanf("%d",&day);
    switch(day)
    {
        case 1:
            printf("白班\n");
            break;
        case 2:
            printf("白班\n");
            break;
        case 3:
            printf("晚班\n");
            break;
        case 4:
            printf("休息\n");
            break;
        case 5:
            printf("晚班\n");
            break;
        case 6:
            printf("休息\n");
            break;
        case 7:
            printf("休息\n");
            break;
        default:
            printf("输入错误\n");
    }
    return 0;
}
```

程序的运行结果如图 4-19 所示。

图 4-19 程序运行结果

以上代码中，输入 1 和 2 执行的语句是一样的，可以通过省略 break 语句合并处理，同样输入 3 和 5，以及 4、6、7 也需要分别合并处理，优化后的代码如下：

```c
#include <stdio.h>
int main( )
{
    int day;
    printf("请输入星期数(数字)\n");
    scanf("%d",&day);
    switch(day)
    {
        case 1:
        case 2:
            printf("白班\n");
            break;
        case 3:
        case 5:
            printf("晚班\n");
            break;
        case 4:
        case 6:
        case 7:
            printf("休息\n");
            break;
        default:
            printf("输入错误\n");
    }
    return 0;
}
```

4.4 选择结构程序设计实例

【例 4-11】 输入年份，判断是否为闰年。

【题目分析】两种情况可以判断为闰年：被 4 整除且不能被 100 整除；能被 400 整除。判断一个数能否被另一个数整除，可以用求余数运算，余数为 0 则能被整除，否则不能被整除。

例 4-11 判断闰年

参考代码如下：

```c
#include <stdio.h>
int main( )
{
    int year;
```

```
    printf("请输入年份\n");
    scanf("%d",&year);
    if( (year%4==0 && year%100!=0) || year%400==0)
        printf("%d 年是闰年",year);
    else
        printf("%d 年不是闰年",year);
    return 0;
}
```

程序的运行结果如图 4-20 所示。

请输入年份　　　请输入年份　　　请输入年份
2000　　　　　　2020　　　　　　2021
2000 年是闰年　　2020 年是闰年　　2021 年不是闰年

图 4-20　程序运行结果

【例 4-12】　输入年份和月份，输出该月的天数。

方法一：使用嵌套 if 语句。

月份的天数分为 3 种情况：1 月、3 月、5 月、7 月、8 月、10 月、12 月为 31 天；4 月、6 月、9 月、11 月为 30 天；2 月又分为闰年 29 天和非闰年 28 天两种情况。如果使用 if 语句，有 3 个分支，其中一个分支需要嵌套 if 语句。

例 4-12 输出
月份的天数

参考代码如下：

```
#include <stdio.h>
int main( )
{
    int year,month;
    printf("请输入年份\n");
    scanf("%d",&year);
    printf("请输入月份\n");
    scanf("%d",&month);
    if(month==1 || month==3 || month==5 || month==7 || month==8 ||
month == 10 || month==12)
        printf("31 天\n");
    else if(month==4 || month==6 || month==9 || month==11)
            printf("30 天\n");
    else if(month == 2)
    {
        if(year%4==0&&year%100>0||year%400==0)
            printf("29 天\n");
        else
            printf("28 天\n");
    }
    else
        printf("输入错误\n");
    return 0;
}
```

程序的运行结果如图 4-21 所示。

图 4-21　程序运行结果

方法二：使用非嵌套 if 语句。

可以将 2 月份的 2 种情况并列出来分为 4 种情况：一种情况 31 天、一种情况 30 天、一种情况 29 天(闰年的 2 月)、一种情况 28 天(非闰年的 2 月)。

参考代码如下：

```c
#include <stdio.h>
int main( )
{
    int year,month;
    int t;//是否闰年
    printf("请输入年份\n");
    scanf("%d",&year);
    printf("请输入月份\n");
    scanf("%d",&month);
    t = year%4==0 && year%100>0 || year%400==0;
    if(month==1 || month==3 || month==5 || month==7 || month==8 || month ==
10 || month==12)
        printf("31 天\n");
    else if(month==4 || month==6 || month==9 || month==11)
            printf("30 天\n");
    else if(t == 1 && month == 2)
        printf("29 天\n");
    else if(t == 0 && month == 2)
        printf("28 天\n");
    else
        printf("输入错误\n");
    return 0;
}
```

方法三：使用 switch 语句。

由于月份情况较多，又是整数，可以使用 switch 语句，代码更加简洁。

参考代码如下：

```c
#include <stdio.h>
int main( )
{
    int year,month;
    printf("请输入年份\n");
    scanf("%d",&year);
    printf("请输入月份\n");
    scanf("%d",&month);
    switch(month)
    {
        case 1:
        case 3:
```

```
            case 5:
            case 7:
            case 8:
            case 10:
            case 12:
                printf("31 天\n");
                break;
            case 4:
            case 6:
            case 9:
            case 11:
                printf("30 天\n");
                break;
            case 2:
                if(year%4==0&&year%100>0||year%400==0)
                    printf("29 天\n");
                else
                    printf("28 天\n");
                break;
            default:
                printf("输入错误\n");
    }
    return 0;
}
```

【例 4-13】某商场进行夏季促销活动。若购买商品总金额小于 200 元，则不打折；若购买商品总金额大于等于 200 元小于 300 元，打 9 折；若购买商品总金额大于等于 300 元小于 600 元，打 8.5 折；若购买商品总金额大于等于 600 元，打 8 折。从键盘输入购买的商品总金额，输出实际需付的金额。

方法一：使用 if 语句。

最容易想到的是使用多分支 if 语句进行判断，分别执行相应操作。

参考代码如下：

```
#include <stdio.h>
int main( )
{
    double price,pay;
    printf("请输入购买的商品总金额\n");
    scanf("%lf",&price);
    if(price<200)
        pay = price;
    else if(price<300)
        pay = price * 0.9;
    else if(price<600)
        pay = price * 0.85;
    else
        pay = price * 0.8;
    printf("实际需付的金额为%.2lf\n",pay);
    return 0;
}
```

程序的运行结果如图 4-22 所示。

请输入购买的商品总金额	请输入购买的商品总金额	请输入购买的商品总金额
199.9	200	500
实际需付的金额为199.90	实际需付的金额为180.00	实际需付的金额为425.00

图 4-22　程序运行结果

方法二：使用 switch 语句。

switch 语句只能完成整数的相等匹配，无法完成区间判断。本题需要通过对价格取整后再对 100 取余产生有限个数的整数，才能使用 switch 语句进行 case 匹配。

参考代码如下：

```c
#include <stdio.h>
int main( )
{
    double price,pay;
    printf("请输入购买的商品总金额\n");
    scanf("%lf",&price);
    switch(((int)price)/100)
    {
        case 0:
        case 1:
            pay = price;
            break;
        case 2:
            pay = price * 0.9;
            break;
        case 3:
        case 4:
        case 5:
            pay = price * 0.85;
            break;
        default:
            pay = price * 0.8;
    }
    printf("实际需付的金额为%.2lf\n",pay);
    return 0;
}
```

本 章 小 结

本章主要讲解了选择结构程序设计，包括关系运算符和关系表达式、逻辑运算符及逻辑表达式、if 语句的 3 种方式、if 语句的嵌套使用、switch 语句，并通过程序综合举例对比了 if 语句和 switch 语句的使用。选择结构语句是程序代码必不可少的组成部分，熟练并合理使用选择结构语句是编写程序的必备技能。

自　测　题

一、单选题

1. C 语言中，逻辑"真"等价于(　　)。

    A. 大于零的数　　　　　　　　　B. 大于零的整数

    C. 非零的数　　　　　　　　　　D. 非零的整数

2. 下列运算符中优先级最高的是(　　)。

    A. !　　　　　　　B. &&　　　　　　C. <　　　　　　D. +

3. 下列运算符中优先级最低的是(　　)。

    A. ||　　　　　　B. ==　　　　　　C. =　　　　　　D. <=

4. 能表示整数 a 为偶数的表达式是(　　)。

    A. a%2==0　　　B. a%2==1　　　C. a%2　　　　D. a%2!=0

5. if 语句的基本形式是：if(表达式)语句，以下关于"表达式"值的叙述中正确的是
(　　)。

    A. 必须是逻辑值　　　　　　　　B. 必须是整数值

    C. 必须是正数　　　　　　　　　D. 可以是任意合法的数值

6. C 语言的 switch 语句中，case 后的表达式(　　)。

    A. 只能为常量

    B. 只能为常量或常量表达式

    C. 可为常量及表达式或有确定值的变量及表达式

    D. 可为任何量或表达式

7. 能正确表示"当 x 的取值在[1,10]和[200,210]范围内时为真，否则为假"的表达式是
(　　)。

    A. (x>=1)&&(x<=10)&&(x>=200)&&(x<=210)

    B. (x>=1)||(x<=10)||(x>=200)||(x<=210)

    C. (x>=1)&&(x<=10)||(x>=200)&&(x<=210)

    D. (x>=1) ||(x<=10)&&(x>=200)||(x<=210)

8. 已知 x=-1,ch= 'a', y=0，则表达式 "x>=y||ch<'b'&&!y" 的值是(　　)。

    A. 0　　　　　　B. 1　　　　　　C. -1　　　　　D. 语法错误

9. 若 int a=1,b=2,c=3,d=4，则表达式 a>b?a:c<d?c:d 的值是(　　)。

    A. 4　　　　　　B. 3　　　　　　C. 2　　　　　　D. 1

10. 设有定义：int a=-1,b=3,c=4，则以下选项中值为 1 的表达式是(　　)。

    A. !a||b&&c　　　　　　　　　　B. (!a==1)&&(!b==0)

    C. (!a)&&(!b)　　　　　　　　　D. !a||b&&(c+4*a)

11. 以下程序段的输出结果是(　　)。

```
int a=3,b=2,c=1;
if(a<b)
a=b;b=c;c=a;
```

```
printf("a=%d b=%d c=%d\n",a,b,c) ;
```

    A. a=3 b=2 c=1　　　　　　　　B. a=3 b=1 c=3

    C. a=2 b=1 c=2　　　　　　　　D. a=1 b=2 c=1

12. 对于整数 a，以下选项中，与

```
if (a==1||a==2)  a=10;
else  a++;
```

语句功能不同的 switch 语句是(　　　)。

    A. switch(a)　　　　　　　　　　B.　switch(a)

        {　　　　　　　　　　　　　　　　{

           case 1: a=10; break;　　　　　　case 1:

           case 2: a=10; break;　　　　　　case 2: a=10; break;

           default: a++;　　　　　　　　　default: a++;

        }　　　　　　　　　　　　　　　　}

    C. switch(a)　　　　　　　　　　D.　 switch(a==1)

        {　　　　　　　　　　　　　　　　{

           case 1: a=10;　　　　　　　　　case 1: a=10;

           case 2: a=10; break;　　　　　　case 2: a=10;

           default: a++;　　　　　　　　　default: a++;

         }　　　　　　　　　　　　　　　　}

二、填空题

1. C 语言中用_____表示逻辑值"真"，用_____表示逻辑值"假"。

2. 将下列数学式改写成 C 语言关系表达式或逻辑表达式：

① a<b 或 b<c _____

② |x|<10 _____

③ 字符 c 为数字_____

④ 字符 d 为字母_____

⑤ 整数 a 能被 3 或者 5 整除_____

3. 已知 a=1,b=2，则表达式 "!a+b" 的值为_____。

4. 有以下程序：

```
#include <stdio.h>
int main()
{
    int i=1,j=2,k=0;
    int a;
    a = i&&j++&&k++;
    printf("%d,%d,%d,%d",a,i,j,k );
    return 0;
}
```

程序运行后输出的结果为_____。

5. 有以下程序：

```
#include <stdio.h>
int main()
{
    int i=0,j=2,k=1;
    int a;
    a = i&&j++&&k++;
    printf("%d,%d,%d,%d",a,i,j,k );
    return 0;
}
```

程序运行后输出的结果为_____。

6. 有以下程序:

```
#include <stdio.h>
int main()
{
    int x=1,y=0;
    if(!x)  y++;
    else if(x==0)
    if (x)   y+=2;
    else  y+=3;
    printf("%d\n",y);
    return 0;
}
```

程序运行后输出的结果为_____。

7. 有以下程序:

```
#include <stdio.h>
main()
{   int x;
    scanf("%d",&x);
    if(x>15)
        printf("%d",x-5);
    if(x>10)
        printf("%d",x);
    if(x>5)
        printf("%d\n",x+5);
    return 0;
}
```

若程序运行时从键盘输入 12<回车>，则输出结果为_____。

8. 以下代码的功能是输入三角形三边 a，b，c，判断 a，b，c 能否构成三角形，请补全代码。

```
#include <stdio.h>
int main()
{
    double a,b,c;
    scanf("%lf%lf%lf",&a,&b,&c);
    if(                    )
        printf("能构成三角形\n");
```

```
    else
        printf("不能构成三角形\n");
    return 0;
}
```

9. 以下代码的功能是将输入的小写字母转换为大写字母,其他字符不变,请补全代码。

```
#include <stdio.h>
int main()
{
    char c;
    scanf("%c",&c);
    if(                )
    printf("%c\n",c);
    return 0;
}
```

三、编程题

1. 编写程序,输入一个整数,输出该数是奇数还是偶数。

2. 编写程序,从键盘接收三个整数,输出最小数。

3. 编写程序,从键盘接收一个字符,如果是字母,输出其对应的 ASCII 码;如果是数字,按原样输出,否则给出提示信息"输入错误!"。

4. 编写程序,判断输入的正整数是否既是 5 又是 7 的整倍数。若是,输出 yes,否则输出 no。

5. 已知以下函数:

$$y = \begin{cases} x^2 & (x < 1) \\ 2x - 1 & (1 \leqslant x < 10) \\ 3 - x^2 & (x \geqslant 10) \end{cases}$$

键盘输入 x 的值,输出 y 的值(使用嵌套 if 和非嵌套分别实现)。

6. 编写程序,输入年月日,输出这一天是该年的第几天。

7. 使用 switch 语句将学生的成绩(0~100 分)转换为相应的等级,大于等于 90 分的为优秀,大于等于 80 分的为良好,大于等于 70 分的为中等,大于等于 60 分的为及格,小于 60 分为不及格(提示:将成绩除以 10 再取整后和 case 语句进行匹配)。

第 **5** 章

循环结构程序设计

本章要点

◎ while、do-while、for 循环

◎ 嵌套循环

◎ break 语句和 continue 语句的区别

◎ 穷尽法解题思路及应用

学习目标

◎ 掌握 while 循环语句

◎ 掌握 do-while 循环语句

◎ 掌握 for 循环语句

◎ 掌握 break 语句和 continue 语句

◎ 掌握循环嵌套的方法

◎ 使用循环处理简单数学问题

C 语言实例化教程(微课版)

程序设计中经常遇到某些操作需要重复执行多次,例如,通过 Excel 文件导入用户数据时,需要对表格中的每行数据进行录入操作,相同的操作需要被执行多次,直到数据全部录入为止。在计算机语言中,重复执行的操作可以使用循环结构程序设计。在 C 语言中,循环结构语句包括 while、do-while 和 for 语句,语句的执行规律是:给定一个条件,条件成立时重复执行某段程序,直到条件不成立时结束循环。

5.1 while 语句

while 循环语句又称为当型循环语句,即先判断条件再决定是否执行,极端情况下,如果第一次判断就失败,那么循环部分一次也不执行。

while 语句的语法格式如下:

```
while(表达式)
{
    一段程序
}
```

其中"表达式"也称为循环条件,可以是任意合法的 C 语言表达式,其结果为 0 或者非 0,用于判断是否进入循环。"一段程序"称为循环体,表达需要重复执行的语句集合,可以是一个简单语句或一段复合语句。

while 语句执行的流程图如图 5-1 所示,具体执行步骤如下。

① 计算循环条件的值,若非 0,即为真,执行步骤②;若为 0,即为假,执行步骤③。

② 执行循环体一次,再返回步骤①。

③ 结束循环。

【例 5-1】 使用 while 语句输出 10 个"*"。

【题目分析】根据题目要求,如果每次输出一个"*",需要使用 while 语句重复执行 10 次。程序中需要定义一个循环变量以控制循环次数,给循环变量设定初始值,并在循环体中有规律地改变循环变量的值,促使循环条件不再成立,从而控制了循环次数。

不断增加循环变量的参考代码如下:

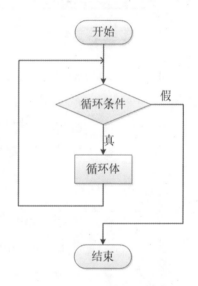

图 5-1 while 语句流程图

```
#include <stdio.h>
int main( )
{
    int i = 0;    //设定循环变量初始值
    while(i < 10)
    {
        printf("*");
        i++;    //增加循环变量值
    }
```

```
        return 0;
    }
```

也可以不断减小循环变量，达到某个值时结束，代码如下：

```c
#include <stdio.h>
int main( )
{
    int i = 10;  //设定循环变量初始值
    while(i > 0)
    {
        printf("*");
        i--;    //减小循环变量值
    }
    return 0;
}
```

程序的运行结果如图 5-2 所示。

【例 5-2】使用 while 语句计算 1+2+3+…+100 的值并输出结果。

****

【题目分析】程序中需要定义一个循环变量以控制循环次数，
通过观察发现每次计算的值和循环的次数相关，因此只需在循环体
中使用循环变量进行计算即可；还需要定义一个变量用以记录每次累加的结果，其初始值
为 0。参考代码如下：

图 5-2 程序运行结果

```c
#include <stdio.h>
int main( )
{
    int sum = 0;  //累加变量
    int i = 1;    //循环变量
    while(i <= 100)
    {
        sum += i;
        i++;   //改变循环变量值
    }
    printf("答案为: %d",sum);
    return 0;
}
```

程序的运行结果如图 5-3 所示。

答案为：5050

【说明】

① while(表达式)后面不能加";"。

图 5-3 程序运行结果

② 循环体中应当改变循环变量的值，否则循环的判断条件会
一直成立，容易造成"死循环"的悲剧。

③ 如果循环语句块只有一条语句，可以省略一对"{ }"；如果循环语句块包含多条
语句，则必须使用一对"{ }"括起来，作为整体形成复合语句。比如例 5-2 中的 while 循环
下面如果没有一对"{ }"，while 循环体只控制了"sum += i;"一条语句，造成循环变量 i
并未改变，陷入了死循环。

【例 5-3】"水仙花数"是指一个三位数，其各位数字立方和等于该数本身，使用 while
循环输出所有的"水仙花数"。

【题目分析】使用循环变量控制循环的起始值和终止值，对于每一个数使用算术运算符分别获取其个位数、十位数和百位数，再在循环体中使用条件判断将符合条件的数打印输出。参考代码如下：

```c
#include <stdio.h>
int main( )
{
    int i=100;          //循环变量
    int a,b,c;          //分别保存个位数、十位数、百位数
    while(i < 1000)
    {
        a = i%10;           //个位数
        b = i/10%10;        //十位数
        c = i/100;          //百位数
        if(i == a*a*a + b*b*b+ c*c*c)
        {
            printf("%d\n",i);
        }
        i++;
    }
    return 0;
}
```

程序的运行结果如图 5-4 所示。

图 5-4　程序运行结果

5.2　do-while 语句

除了 while 循环，在 C 语言中还有一种 do-while 循环。do-while 循环语句属于直到型循环语句，即先执行循环体再根据判断条件决定是否继续执行，因此无论如何循环体至少被执行一次。

do-while 循环语句的语法格式如下：

```
do
{
    循环体
} while(循环条件);
```

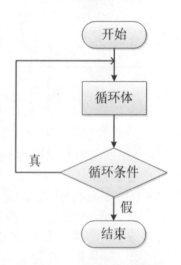

图 5-5　do-while 语句流程图

do-while 循环语句执行的流程图如图 5-5 所示，具体执行步骤如下。

①　执行"循环体"一次。

②　计算"循环条件"的值，若非 0，即为真，返回步骤①；若为 0，即为假，执行步骤③。

③　结束循环。

【例 5-4】　使用 do-while 语句输出 10 个"*"。

【题目分析】本题和例 5-1 实现同样的功能，只需将 while 语句的语法格式改为 do-while 语句的语法格式，具体方法是将 while(i>0)加分号，放到循环体后面，原位置放置 do 关键

字。参考代码如下：

```c
#include <stdio.h>
int main( )
{
    int i = 10;  //循环变量
    do
    {
        printf("*");
        i--;    //改变循环变量值
    }while(i > 0);
    return 0;
}
```

程序的运行结果如图 5-6 所示。

【例 5-5】 使用 do-while 语句计算 n(n>0)的阶乘，n 的值从键盘输入。

****

图 5-6 程序运行结果

【题目分析】可以使用递增或者递减的循环变量不断累乘实现阶乘的计算，本题使用循环变量 i 从 1 递增至 n(也可以从 n 递减至 1)不断循环累乘以实现 n 的阶乘。累加变量初始值通常为 0，而累乘变量初始值通常为 1。参考代码如下：

```c
#include <stdio.h>
int main( )
{
    int n;
    int result = 1; //累乘变量
    int i = 1;        //循环变量
    printf("输入 n(n>0): ");
    scanf("%d",&n);
    do
    {
        result *= i;     //累乘
        i++;
    }while(i<=n);    //注意分号
    printf("%d!=%d",n,result);
    return 0;
}
```

程序的运行结果如图 5-7 所示。

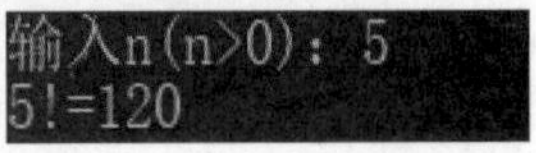

输入 n(n>0): 5
5!=120

图 5-7 程序运行结果

【说明】

① do-while 语句从 do 开始至 while(循环条件)结束，自身就是一条语句，所以最后的";"不能缺失。

② 和 while 循环一样，如果循环语句块只有一条语句，可以省略一对"{ }"；如果循环语句块包含多条语句，则必须使用一对"{ }"括起来。

③ do-while 循环语句先执行一次循环体再判断是否继续，而 while 循环则先判断再执行，所以 do-while 循环语句至少执行一次，而 while 循环可以一次也不执行。

④ do-while 循环语句和 while 循环语句之间可以相互改写，但要注意首次执行情况。

【例 5-6】 从键盘输入 n(n>0)个数，使用 do-while 语句计算并输出平均数。

【题目分析】先输入 n 的值以确定循环次数，定义累加变量保存所有输入数的和，在循环体中不断获取数据进行累加并改变循环变量的值，求平均数时要注意整数相除的结果只能是整数，这里需要先转换为小数再运算。参考代码如下：

```c
#include <stdio.h>
int main( )
{
    int n;              //记录数的个数
    int sum = 0;        //累加变量
    int i = 0;          //循环变量
    int num;            //记录输入的数
    printf("请输入数的个数 n(n>0): ");
    scanf("%d",&n);
    do
    {
        printf("请输入第%d 个数: ",i+1);
        scanf("%d",&num);
        sum += num;
        i++;
    }while(i<n);
    printf("%d 个数的平均数为%lf",n,sum*1.0/n);
    return 0;
}
```

程序的运行结果如图 5-8 所示。

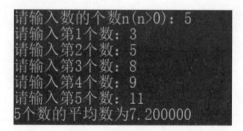

图 5-8　程序运行结果

【例 5-7】　输入一行字符，使用 do-while 语句分别统计出其中字母、空格、数字的个数。

【题目分析】定义三个整数分别计数，使用 do-while 循环不断获取一个字符并进行判断，直到回车字符结束，根据判断结果增加计数，循环结束后输出计数结果。参考代码如下：

```c
#include <stdio.h>
int main( )
{
    int num1 = 0;          //字母的个数
    int num2 = 0;          //空格的个数
    int num3 = 0;          //数字的个数
    char ch;
    printf("请输入一行字符: ");
    do
```

```
    {
        scanf("%c",&ch);
        if((ch>='A' && ch<='Z') || (ch>='a' && ch<='z'))
            num1++;
        else if(ch == ' ')
            num2++;
        else if(ch>='0' && ch<='9')
            num3++;
    }while(ch != '\n');
    printf("字母的个数:%d\n 空格的个数:%d\n 数字的个数:%d",
num1,num2,num3);
    return 0;
}
```

程序的运行结果如图 5-9 所示。

```
请输入一行字符: a1 b2 cd3
字母的个数:4
空格的个数:2
数字的个数:3
```

图 5-9　程序运行结果

5.3 for 语句

除了 while 循环和 do-while 循环，C 语言中还有一种更常见、更加灵活的循环语句，那就是 for 循环。

for 循环语句的语法格式如下：

```
for(表达式 1 ；表达式 2 ；表达式 3)
{
    循环体
}
```

for 循环语句中，for 后面一对小括号"()"和小括号中的两个"；"必不可少，其中"表达式 2"是循环的控制条件，"表达式 1"在循环前被执行 1 次，"表达式 3"在每次循环后执行。

for 语句执行的流程图如图 5-10 所示，具体执行步骤如下。

①　执行"表达式 1"。

②　执行"表达式 2"，若计算结果非 0，即为真，执行步骤③；若为 0，即为假，执行步骤⑤。

③　执行"循环体"一次。

④　执行"表达式 3"，再返回步骤②。

⑤　结束循环。

【例 5-8】　使用 for 语句输出 10 个"*"。

【题目分析】定义循环变量 i，"表达式 1"用于初始化循环变量，赋

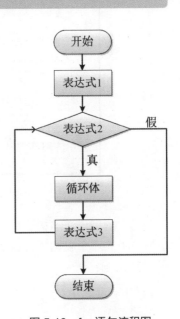

图 5-10　for 语句流程图

例 5-8 使用 for 语句
输出 10 个星号

值为 0，"表达式 2"用于控制循环的结束条件，"表达式 3"用于每次循环后改变循环变量的值。参考代码如下：

```
#include <stdio.h>
int main( )
{
    int i;
    for(i=0;i<10;i++)
    {
        printf("*");
    }
    return 0;
}
```

程序的运行结果如图 5-11 所示。

【说明】

① for 循环和 while 循环只是语法结构上不同，其执行原理如出一辙。

图 5-11　程序运行结果

② 如图 5-12 所示，对比例 5-1 和例 5-8 参考代码，将 while 循环中的语句①和语句③放入小括号内，用";"隔开，再将关键字 while 改为关键字 for，即可将 while 循环改为 for 循环。

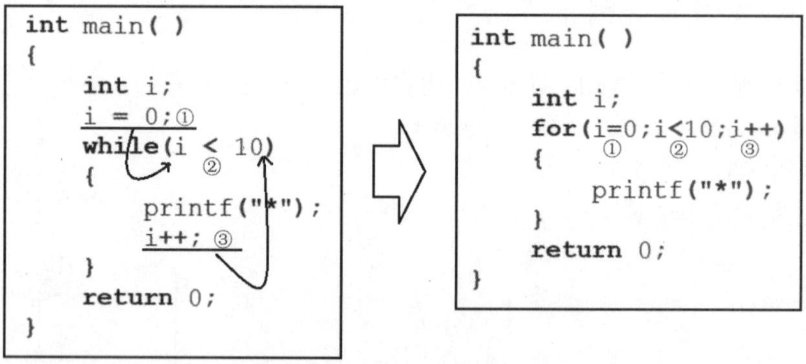

图 5-12　while 循环改为 for 循环

③ 由于语法结构要求，for 后面一对小括号"()"和小括号中的两个";"不可省略，小括号中的三个表达式根据实际需要可以省略，省略部分可以理解为空语句。以下 3 个代码段都正确：

```
//代码段1
int main( )
{
    int i;
    i = 0;
    for(;i<10; i++)
    {
        printf("*");
    }
    return 0;
```

```
}
//代码段 2
int main( )
{
    int i;
    i = 0;
    for(;i<10;)
    {
        printf("*");
        i++;
    }
    return 0;
}
//代码段 3
int main( )
{
    int i;
    i = 0;
    for(;;)
    {
        if(i>=10)
            break;  //break 语句结束循环，下节详述
        printf("*");
        i++;
    }
    return 0;
}
```

④ C 语言中，while 循环语句和 for 循环语句可以相互改写，一般情况下循环次数确定时使用 for 语句更为方便，循环次数不确定时则更多使用 while 语句。

【例 5-9】 圆周率(π)是数学中最重要、最奇妙的数字之一，数学家发现可以用以下公式逼近圆周率的值：

$$PI = 4 * \sum_{i=1}^{n} \frac{(-1)^{i+1}}{2*i-1}$$

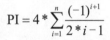

例 5-9 和例 5-13
圆周率

i 值越大结果越精确，使用 for 循环计算 i=10000 时 PI 的近似值。

【题目分析】循环变量 i 从 1 递增至 10000 作 10000 次循环，对于每次循环，计算出每项的值再累加到变量 pi 上，符号变化可以通过每次乘以-1 实现，学过函数后，也可使用求幂数学函数实现。参考代码如下：

```
#include <stdio.h>
int main( )
{
    int i;              //循环变量
    int flag = 1;   //符号标记
    double pi = 0;  //累计变量
    double item;    //每项值
    for(i=1;i<=10000;i++)
    {
        item = flag/(2.0*i-1);
```

```
      pi += item;
      flag *= -1; //改变符号
   }
   pi *= 4;
   printf("PI 的近似值为: %lf",pi);
   return 0;
}
```

程序的运行结果如图 5-13 所示。

PI的近似值为: 3.141493

图 5-13　程序运行结果

【例 5-10】 一球从 100 米高度自由落下，每次落地后反跳回原高度的一半再落下，使用 for 语句计算出在第 10 次落地时，小球共经过的距离和第 10 次反弹的高度。

【题目分析】小球从一定高度第一次落下经历了一个下降的单程，之后再落下都会经历一上一下两个相等的单程，所以第一次需要单独处理，后面的过程可用循环计算。

定义起始高度变量 height、反弹次数变量 times、反弹率变量 v，第一次落地时经过的总距离 total 为 height，反弹高度 t 为 height*v，往后进行循环计算，循环次数为 times-1，每次累加两个反弹高度后再设置下一次新的反弹高度，不断重复 times-1 次后，输出总距离 total 和反弹高度 t。参考代码如下：

```
#include <stdio.h>
int main( )
{
   int i;
   double height = 100;     //起始高度
   int times = 10;          //反弹次数
   double v = 0.5;          //反弹率
   double t = height * v;   //反弹高度
   double total = height;   //总距离
   for(i=0;i<times-1;i++)
   {
      total += t*2;
      t *= v;
   }
   printf("第%d 次落地时小球共经过了%lf 米\n 反弹的高度为%lf 米",times,total,t);
   return 0;
}
```

程序的运行结果如图 5-14 所示。

第10次落地时小球共经过了299.609375米
反弹的高度为0.097656米

图 5-14　程序运行结果

【例 5-11】 将一个正整数 n(n>3)分解质因数，n 的值从键盘输入。例如：输入 90，输出 90=2*3*3*5。

【题目分析】定义一个循环变量 i，i 从 2 开始不断增长；在循环体中，对于每个 i，使用 n 对 i 取余，如果余数为 0，即 i 是 n 的因数，则按要求打印该因数 i，并重新设置除掉该因数的 n；由于新的 n 可能还会包含相同的因数 i，所以如果能够整除，i 值不增长；只有在除不尽的时候才不断增长。参考代码如下：

```
#include <stdio.h>
int main()
{
    int n;
    printf("请输入一个大于 3 的正整数: ",n);
    scanf("%d",&n);
    printf("%d=",n);
    for(int i=2;i<n;i++)
    {
        if(n%i == 0)
        {
            printf("%d*",i);
            n = n/i;
            i--;
        }
    }
    printf("%d",n);
}
```

程序的运行结果如图 5-15 所示。

```
请输入一个大于3的正整数: 90
90=2*3*3*5
```

图 5-15　程序运行结果

5.4　break 语句和 continue 语句

使用 while、do-while 或 for 循环时，如果想提前结束循环，即在不满足结束条件的情况下结束循环，可以使用 break 或 continue 语句。

5.4.1　break 语句

第 4 章中，用 break 可以跳出 switch 语句，当 break 语句用于循环体中时，会终止循环而执行整个循环语句后面的代码。break 语句通常和 if 语句一起使用，即满足条件时便跳出循环。

【例 5-12】　使用 while 循环和 break 语句计算并输出 1+2+…+100 的值。

【题目分析】为了体现 break 语句的作用，while 语句的循环条件写成 1，即恒成立，在循环体内部判断循环变量 i 的值，使用 break 语句结束循环。参考代码如下：

```
#include <stdio.h>
int main()
{
    int i = 1;
    int sum = 0;
```

```
    while(1)              //外部无结束条件
    {
        if(i>100)        //内部设置结束条件
            break;
        sum += i;
        i++;
    }
    printf("1+2+...+100=%d", sum);
    return 0;
}
```

程序的运行结果如图 5-16 所示。

1+2+…+100=5050

图 5-16　程序运行结果

【例 5-13】　使用例 5-9 的方法计算圆周率，要求计算到某项的绝对值小于 10^{-6} 为止。

【题目分析】本题循环次数无法确认，可以在内部使用计算结果进行判断，条件成立时使用 break 语句结束循环。参考代码如下：

```
#include <stdio.h>
int main( )
{
    int i;               //循环变量
    int flag = 1;        //符号标记
    double pi = 0;       //累计变量
    double item;         //每项值
    for(i=1;;i++)
    {
        item = flag/(2.0*i-1);
        pi += item;
        if( item<1e-6 && item>-1e-6 )
            break;
        flag *= -1;  //改变符号
    }
    pi *= 4;
    printf("PI 的近似值为: %lf",pi);
    return 0;
}
```

程序的运行结果如图 5-17 所示。

PI的近似值为: 3.141493

图 5-17　程序运行结果

5.4.2　continue 语句

continue 语句用于跳过循环体中剩余的语句而强制进入下一次循环。continue 语句只用在 while、do-while、for 循环中，通常和 if 语句一起使用，即满足条件时便结束本次循环提前进入下一次循环。

【例5-14】 输出 50～100 中 5 的倍数或者 7 的倍数的整数。

【题目分析】为了验证 continue 语句的使用效果,可以理解为循环变量从 50 循环到 100,在循环体中打印出循环变量,但是既不是 5 的倍数又不是 7 的倍数的直接跳过打印进入下一次循环。参考代码如下:

```c
#include <stdio.h>
int main( )
{
    int i;
    for(i=50;i<=100;i++)
    {
        if(i%5>0 && i%7>0)
            continue;
        printf("%d ",i);
    }
    return 0;
}
```

以上代码等价于下方代码:

```c
#include <stdio.h>
int main( )
{
    int i;
    for(i=50;i<=100;i++)
    {
        if(i%5==0 || i%7==0)
            printf("%d ",i);
    }
    return 0;
}
```

程序的运行结果如图 5-18 所示。

50 55 56 60 63 65 70 75 77 80 84 85 90 91 95 98 100

图 5-18　程序运行结果

【说明】

break 语句和 continue 语句都用于控制循环的中断,但程度完全不同,break 语句直接结束循环,而 continue 语句只是提前结束本次循环体的运行,并未结束循环。

【例5-15】 输入一行只包含字母和数字的字符,实现对所有字母字符的加密。加密规则是:如果是字母,则将字母次序变为后面第 5 个,超出字母范围再从头开始;如果是数字,则不变。

【题目分析】本题使用循环处理输入的每个字符,在循环内部判断字符:如果是回车可使用 break 语句结束循环;如果是数字不做处理直接输出,使用 continue 语句进入下一次循环;如果是字母则加 5 后判断是否超限,如果超限减去 26 后再输出。参考代码如下:

```c
#include <stdio.h>
int main( )
{
```

```
char ch;
printf("请输入一行字符：\n");
while(1)
{
    scanf("%c",&ch);
    if(ch == '\n')  //结束条件
        break;
    else if(ch>='0' && ch<='9')
    //如果是数字直接输出数字，结束本次循环处理下个字符
    {
        printf("%c",ch);
        continue;
    }
    ch += 5;
    if(ch>'z' || (ch>'Z'&&ch<'a'))
        ch -= 26;
    printf("%c",ch);
}
return 0;
}
```

程序的运行结果如图 5-19 所示。

```
请输入一行字符：
IAm10Years01d
NFr10DjfwxTqi
```

图 5-19　程序运行结果

5.5　嵌套循环

类似于 if-else 的嵌套，while、do-while、for 循环也可以相互嵌套。若在循环语句的循环体中包含另一个循环语句，则称这种情况为嵌套循环。嵌套循环广泛运用于各类问题的求解。循环的嵌套可以是双层的，也可以是多层的。

【例 5-16】打印 5 行"*"，每行打印 10 个。

【题目分析】使用 for 循环打印 10 个"*"，这个循环作为整体需要做 5 次，形成 5 行 10 列，这是典型的循环嵌套，内循环控制列数，也就是"*"的个数，外循环控制行数。参考代码如下：

```
#include <stdio.h>
int main( )
{
    int i,j;                //循环变量
    for(i=0;i<5;i++)        //外循环 5 次
    {
        for(j=0;j<10;j++)   //内循环 10 次
        {
            printf("* ");
        }
        printf("\n");
    }
    return 0;
}
```

```
* * * * * * * * * *
* * * * * * * * * *
* * * * * * * * * *
* * * * * * * * * *
* * * * * * * * * *
```

图 5-20　程序运行结果

程序的运行结果如图 5-20 所示。

【例 5-17】 打印出九九乘法口诀表。

【题目分析】根据要求需要打印 9 行,外循环的循环变量 i 从 1 增至 9;对于每一行,第 1 行打印 1 次,第 2 行打印 2 次,以此类推,每行打印 i 次,所以内循环的循环变量 j 从 1 增至 i,每次内循环结束后需要打印回车换行字符。嵌套循环中,内循环的循环变量表示列号,外循环的循环变量表示行号。参考代码如下:

```c
#include <stdio.h>
int main( )
{
    int i,j;                    //循环变量
    for(i=1;i<=9;i++)          //行
    {
        for(j=1;j<=i;j++)      //列
        {
            printf("%d*%d=%d\t",j,i,i*j);
        }
        printf("\n");
    }
    return 0;
}
```

程序的运行结果如图 5-21 所示。

```
1*1=1
1*2=2   2*2=4
1*3=3   2*3=6   3*3=9
1*4=4   2*4=8   3*4=12  4*4=16
1*5=5   2*5=10  3*5=15  4*5=20  5*5=25
1*6=6   2*6=12  3*6=18  4*6=24  5*6=30  6*6=36
1*7=7   2*7=14  3*7=21  4*7=28  5*7=35  6*7=42  7*7=49
1*8=8   2*8=16  3*8=24  4*8=32  5*8=40  6*8=48  7*8=56  8*8=64
1*9=9   2*9=18  3*9=27  4*9=36  5*9=45  6*9=54  7*9=63  8*9=72  9*9=81
```

图 5-21   程序运行结果

【说明】

① 在编写嵌套循环时,初学者可以先完成内循环,再将内循环作为整体套一个外循环,要注意内外循环变量的关系和内循环涉及变量的重新初始化。

② 嵌套循环中的 break 语句和 continue 语句只能跳出本层循环。例 5-17 打印出九九乘法口诀表也可以使用 break 语句完成,代码如下:

```c
#include <stdio.h>
int main( )
{
    int i,j;                    //循环变量
    for(i=1;i<=9;i++)          //行
    {
        for(j=1;j<=9;j++)      //列
        {
            if(j>i) //结束内循环,继续打印下一行
                break;
            printf("%d*%d=%d\t",j,i,i*j);
        }
```

```
        printf("\n");
    }
    return 0;
}
```

【例 5-18】 从键盘输入任意整数 n，编写程序，使用星号"*"输出高度为 n 的等腰三角形图案。

【题目分析】本题打印多行，使用嵌套循环求解，外循环控制行数，循环变量 i 从 0 到 n-1，输出 n 次；内循环控制每行输出的内容，先输出若干空格，再输出若干"*"，所以本题结构为外循环嵌套两个内循环。

例 5-18 和例 5-22 输出等腰三角形和菱形

本题重点在于研究每行空格和"*"个数的变化规律。空格个数不断递减，且每增加一行减少一个空格，所以每行空格的个数可以表达为 k-i 个(k 为第一行空格的个数，k=n-1)；"*"的个数不断递增，且每增加一行多 2 个"*"，所以每行"*"的个数可以表达为 k+2*i 个(k 为第一行"*"的个数，k=1)。参考代码如下：

```
#include <stdio.h>
int main()
{
    int i,j;
    int n;          //打印行数
    printf("请输入行数: \n");
    scanf("%d",&n);
    for(i=0;i<n;i++)
    {
        for(j=0;j<n-1-i;j++)//打印 n-1-i 个空格
        {
            printf(" ");
        }
        for(j=0;j<2*i+1;j++)//打印 2i+1 个*
        {
            printf("*");
        }
        printf("\n");
    }
}
```

图 5-22 程序运行结果

程序的运行结果如图 5-22 所示。

【例 5-19】 输出 100～200 的所有素数以及输出的素数个数，每行输出 5 个数。

【题目分析】本题先编写内循环实现对一个数的判断并输出，再套一个外循环实现 100～200 素数的输出；素数的个数和每行输出的个数可以使用计数变量完成；判断一个数 n 是否为素数的方法是检测 n 是否能被 2 至 n/2 之间的整数整除，如果能被其中的某个整数整除，则 n 不是素数，结束内循环，否则 n 是素数。参考代码如下：

例 5-19 输出素数

```
#include <stdio.h>
int main()
{
```

```
    int count = 0;  //计数
    int n;               //待判断的数,也是外循环变量
    for(n=100;n<=200;n++)
    {
        int i;          //内循环变量
        for(i=2;i<n/2;i++)
        {
            if(n%i == 0)
                break;
        }
        if(i>=n/2)  //是素数
        {
            printf("%d\t",n);
            count++;
            if(count%5 == 0)
                printf("\n");
        }
    }
    printf("\n 共输出%d 个素数",count);
}
```

程序的运行结果如图 5-23 所示。

```
101     103     107     109     113
127     131     137     139     149
151     157     163     167     173
179     181     191     193     197
199
共输出21个素数
```

图 5-23　程序运行结果

5.6　循环结构程序设计实例

【例 5-20】　判断一个数是否为回文数字。

【题目分析】使用循环不断剥离原数的最后一位组成新数,通过比较新数是否等于原数来判断原数是否是回文数字;可使用"%10"的方法获取最后一位数字,"/10"的方法去除最后一位数字。参考代码如下:

例 5-20 回文数

```c
#include <stdio.h>
int main()
{
    int num;
    printf("请输入一个不超过 9 位数的正整数: \n");
    scanf("%d",&num);
    int oldNum = num;//保留原来的值
    int newNum = 0;//新数
    int a; //最后一位
    while(num>0)
    {
        a = num % 10;
        newNum = newNum*10 + a;
```

```
        num /= 10;
    }
    if(newNum == oldNum)
        printf("%d 是回文数",oldNum);
    else
        printf("%d 不是回文数",oldNum);
}
```

程序的运行结果如图 5-24 所示。

请输入一个不超过9位数的正整数：
123456789
123456789不是回文数

请输入一个不超过9位数的正整数：
123454321
123454321是回文数

图 5-24　程序运行结果

程序中说明只能输入不超过 9 位数的正整数,是因为在 C 语言中 int 型整数有表达范围。一般可以通过 sizeof(int)方法获取 int 型整数的存储空间,一般为 4 个字节,能表达的范围为 $-2^{32} \sim 2^{32}-1$,即 $-2147483648 \sim 2147483647$。

【例 5-21】　将 10000 以内的正整数转换为四进制。

【题目分析】转换为四进制的方法和转换为二进制的方法类似,需要对 4 取余进行逆序组合,因此本题的基本思路与判断回文数字类似,只是在组成新数的时候组合次序不同。为此,本题需要定义一个不断乘以 10 的变量以记录当前数字所放置的位数。参考代码如下:

```c
#include <stdio.h>
int main()
{
    int num;
    int v = 4;          //4 进制, v<10
    printf("请输入一个 10000 以内的正整数：\n");
    scanf("%d",&num);
    int num1 = num; //保留原来的值
    int num2 = 0;   //新数
    int a;          //余数
    int t=1;        //位数
    while(num1>0)
    {
        a = num1 % v;
        num2 = a*t + num2;
        num1 /= v;
        t *= 10;
    }
    printf("%d",num2);
}
```

程序的运行结果如图 5-25 所示。

请输入10000以内的正整数：
100
1210

图 5-25　程序运行结果

【例 5-22】 从键盘输入任意整数 n，编写程序，使用"*"输出边长为 n 的菱形图案。

【题目分析】本题为打印等腰三角形的提升练习，菱形图案的空格个数先减少后增加，"*"个数先增加后减少，其规律可以用公式表达，但难度稍大。可以考虑将菱形图案分为上部和下部分别打印；由于下部从中线的下一行开始打印，需要注意空格的初始个数是 1，"*"的初始个数为 2*(n-1)-1。参考代码如下：

```c
#include <stdio.h>
int main()
{
    int i,j;
    int n;         //边长
    printf("请输入边长数：\n");
    scanf("%d",&n);
    //上部
    for(i=0;i<n;i++)
    {
        for(j=0;j<n-1-i;j++)//打印 n-1-i 个空格
        {
            printf(" ");
        }
        for(j=0;j<2*i+1;j++)//打印 2i+1 个*
        {
            printf("*");
        }
        printf("\n");
    }
    //下部
    for(i=0;i<n-1;i++)
    {
        for(j=0;j<i+1;j++)//打印 i+1 个空格
        {
            printf(" ");
        }
        for(j=0;j<2*(n-1)-1-2*i;j++)//打印 2(n-1)-1-2i 个*
        {
            printf("*");
        }
        printf("\n");
    }
}
```

```
请输入边长数：
6
         *
        ***
       *****
      *******
     *********
    ***********
     *********
      *******
       *****
        ***
         *
```

图 5-26　程序运行结果

程序的运行结果如图 5-26 所示。

【例 5-23】 有一个神奇的算式：ABCDE * ? = EDCBA，ABCDE 代表不同的数字，问号也代表某个数字，请你利用计算机输出这个算式。

【题目分析】本题有 6 个未知数字，其中 A、E、? 可能是 1～9 中的任意一个数字，B、C、D 可能是 0～9 中的任意一个数字，若要通过计算得到结果几乎无从下手，但是可以通过多重循环罗列所有情况找出符合要求的答案，这种方法称为穷举法。穷举法尽管效率较低，但是简单有效，使用广泛。

例 5-23 神奇的算式

本题有 6 个未知数，需要 6 重循环，在最内层循环进行条件判断。需要注意的是，由于 A、B、C、D、E 代表不同的数，所以当 A 和 B 取值相同时就没有必要再考虑 C、D、E

的值，可以采用 continue 语句结束本次循环取下一个 B 值，下一层循环中继续忽略 C==A 和 C==B 的情况，以此类推。参考代码如下：

```c
#include <stdio.h>
int main()
{
    int a,b,c,d,e,f;
    int num1,num2;
    for(a=1;a<=9;a++)
    {
        for(b=0;b<=9;b++)
        {
            if(a==b)
                continue;
            for(c=0;c<=9;c++)
            {
                if(c==a || c==b)
                    continue;
                for(d=0;d<=9;d++)
                {
                    if(d==a || d==b || d==c)
                        continue;
                    for(e=1;e<=9;e++)
                    {
                        if(e==a || e==b || e==c || e==d)
                            continue;
                        for(f=1;f<=9;f++){
                            num1 = a*10000+b*1000+c*100+d*10+e;
                            num2 = e*10000+d*1000+c*100+b*10+a;
                            if( num1*f == num2 )
                            {
                                printf("%d*%d=%d",num1,f,num2);
                            }
                        }
                    }
                }
            }
        }
    }
}
```

程序的运行结果如图 5-27 所示。

21978*4=87912

图 5-27 程序运行结果

本 章 小 结

本章主要讲解了循环结构程序设计的相关知识，包括 while 循环、do-while 循环、for 循环以及循环中 break 语句和 continue 语句的使用。三种循环的共同之处是在某个条件下不停重复做同一个操作，for 循环一般用于次数明确时通过改变循环变量的值控制循环次数，while 和 do-while 循环一般用于次数不明确时符合某个条件结束循环，而 do-while 循环先执行后判断至少执行一次，while 循环先判断后执行可能一次也没有执行；循环中的 continue 语句用于提前结束某次循环进入下次循环，break 语句直接结束整个循环。嵌套循环是常见操作，使用嵌套循环可以解决很多实际问题，要注意内外循环的变量关系。循环语句是 C 语言的重要内容，必须多练习直至熟练掌握。

自 测 题

一、单选题

1. for(i=0;i<10;i++); 循环结束后，i 的值是(　　)。

   A. 9　　　　　　　　B. 10　　　　　　　　C. 11　　　　　　　　D. 12

2. 以下程序输出(　　)个字母 a。

```
int i,j;
for(i=5;i;i--)
    for(j=0;j<5;j++)
        printf("a")
```

   A. 10　　　　　　　　B. 20　　　　　　　　C. 25　　　　　　　　D. 30

3. 条件判断语句 while (!e) 中的条件!e 等价于(　　)。

   A. e==0　　　　　　　B. e!=1　　　　　　　C. e!=0　　　　　　　D. ~e

4. 以下能正确计算 1*2*3*4*5*6*7*8*9*10 的程序段是(　　)。

A.	B.	C.	D.
do	do	i=1;	i=1;
{	{	s=1;	s=0;
i=1;	i=1;	do	do
s=1;	s=0;	{	{
s=s*i;	s=s*i;	s=s*i;	s=s*i;
i++;	i++;	i++;	i++;
}while(i<=10);	}while(i<=10);	}while(i<=10);	}while(i<=10);

5. 以下不构成死循环的代码段是(　　)。

   A. n=0;
      do{++n;}while(n<=0)

   B. n=0;
      while(1){n++;}

   C. n=10;
      while(n){n--;}

   D. for(n=0,i=1;i>0;i++)
      n+=i;

6. 以下叙述正确的是(　　)。

   A. for 循环只能用于次数确定的情况

   B. do-while 的循环体至少无条件执行一次

    C. continue 语句的作用是结束整个循环

    D. 只能在循环体中使用 break 语句

7. 以下代码段输出的内容是(　　)。

```
int i,j;
for(i=0,j=8;i<=j;i+=2,j--);
printf("i=%d,j=%d\n",i,j);
```

  A. i=4,j=6　　　　　　B. i=6,j=5　　　　　C. i=0,j=8　　　　D. i=5,j=5

8. 以下代码段输出的内容是(　　)。

```
for(int a=1,b=2;a<=10;a++,b-- )
{
    a++;
    if(a==6)
        continue;
    if(a>8)
        break;
    printf("a=%d,b=%d\n",a,b);
}
```

A. a=2,b=2
   a=4,b=1

B. a=2,b=2
   a=4,b=1
   a=6,b=0
   a=8,b=-1

C. a=2,b=2
   a=4,b=1
   a=8,b=-1

D. a=2,b=2
   a=4,b=1
   a=8,b=-1
   a=10.b=-2

二、填空题

1. 有以下程序:

```
#include <stdio.h>
 int main()
 {
    int y=9;
    for( ;y>0;y--)
    {
        if(y%3==0)
            printf("%d",--y);
    }
    return 0;
 }
```

程序运行后输出的结果为＿＿＿＿＿＿＿＿＿＿。

2. 有以下程序:

```
#include <stdio.h>
int main()
{
```

```
    int c=0,k;
    for(k=1;k<3;k++)
    {
        switch(k)
        {
            default:c += k;
            case 2:c++; break;
            case 4:c += 2;break;
        }
        printf("%d\n",c);
    }
    printf("%d\n",c);
    return 0;
}
```

程序运行后输出的结果为_____。

3. 有以下程序:

```
#include <stdio.h>
int main()
{
    int i=1,s=3;
    do
    {
        s += i++;
        if(s%7==0)
            continue;
        else
            ++i;
        printf("%d",i);
    }while(s<15);
    return 0;
}
```

程序运行后输出的结果为_____。

4. 有以下程序:

```
#include <stdio.h>
int main()
{
    int i,j,k;
    for(i=1;i<=6;i++)
    {
        for(k=1;k<=i;k++)
            printf("%d",i);
        printf("\n");
    }
    return 0;
}
```

程序运行后输出的结果为_____。

5. 若代码运行后输出结果如图 5-28 所示，请补全代码。

图 5-28 输出结果

```
#include <stdio.h>
int main()
{
    int i,j;
    for(i=0;_____;i++)
    {
        for(j=0;_____;j++)
        {
            printf(" ");
        }
        for(j=0;_____;j++)
        {
            printf("* ");
        }
        _____
    }
    return 0;
}
```

6. 以下代码的功能是输出 100~200 能被 3 整除的数, 每行输出 10 个数, 请补全代码。

```
#include <stdio.h>
int main()
{
    int i=100;
    _____
    for (;;i++)
    {
        if(_____)
            break;
        if(_____)
            continue;
        printf("%d\t",i);
        count++;
        if(_____)
            printf("\n");
    }
    return 0;
}
```

三、编程题

1. 有一序列: $\dfrac{2}{1}, \dfrac{3}{2}, \dfrac{5}{3}, \dfrac{8}{5}, \dfrac{13}{8}, \dfrac{21}{13}, \cdots$, 编写程序, 求出这个数列的前 20 项之和。

2. 编写程序, 求满足 $1^2 + 2^2 + 3^2 + \cdots + n^2 \leqslant 10000$ 的最大 n 值。

3. 编写程序，求 $1-\dfrac{1}{2}+\dfrac{1}{3}-\dfrac{1}{4}\cdots+\dfrac{1}{99}-\dfrac{1}{100}$ 的值。

4. 编写程序，求 1!+2!+3!+⋯+10!的值。

5. 一个数如果恰好等于它的因子之和，这个数就称为"完数"，例如 6=1 + 2 + 3。编写程序，输出 10000 以内所有的完数。

6. "水仙花数"是指一个三位数，其各位数字立方和等于该数本身，使用穷举法输出所有"水仙花数"。

7. 有 1、2、3、4 个数字，能组成多少个互不相同且无重复数字的三位数？都是多少？

8. 分别使用辗转相除法和穷举法求两个整数的最大公约数和最小公倍数。

9. 编写程序，求出满足下列条件的四位正整数：该数是个完全平方数，且千位和十位数字之和为 10，百位和个位数字之积为 12。

10. 编写程序，求 e 的值。公式为 $e\approx1+\dfrac{1}{1!}+\dfrac{1}{2!}+\cdots+\dfrac{1}{n!}$。

第 6 章

数组

6.1　一维数组

在程序的编写过程中，遇到数据时我们会定义一个变量进行保存并运算。但在实际应用中，经常会遇到需要处理大量同一类型数据的情况，比如程序需要处理全班所有同学的某门课程成绩。根据前面学的知识，我们只能定义几十个变量分别存储成绩，再进行大量重复性运算。虽然能勉强解决问题，但显然不合理，而且如果要处理更多学生的成绩，这样的方法就无能为力了。在 C 语言中，这些相同类型的数据可以用数组表达。

数组是一组相同数据类型的有序数据集合，它将具有相同数据类型的若干变量按次序组织在一起，使用一个变量进行存储，该变量名也称为数组名，数组里的每个数据称为数组的元素，使用数组名和下标序号读取每个元素。

6.1.1　一维数组的定义

在 C 语言中使用数组必须先定义再使用，一维数组的定义方式如下：

```
类型标识符  数组名[常量表达式];
```

【说明】

①　"类型标识符"是任意一种基本数据类型，数组的数据类型即为数组中所有元素的数据类型。

②　"数组名"是用户定义的合法标识符。

③　方括号中的"常量表达式"表示数据元素的个数，也称为数组的长度。

例如：

```
int age[5];
```

表示定义了一个名为 age 的整型数组，其长度为 5。数组包含了 5 个整型元素，即 age[0]、age[1]、age[2]、age[3]、age[4]，要注意的是数组的元素下标从 0 开始，下标的最大值是数组长度减 1，所以该数组中不存在 age[5]元素，下标大于等于长度时会发生下标越界错误。

定义数组时，数组的长度必须是一个确定的数，可以是常数，也可以是常量表达式，绝不能是变量。以下的数组定义方式是错误的：

```
int n = 5;
int age[n];    //错误
```

C 语言源代码编译时不检查数组越界情况，如果不小心使用了越界的数组下标，如 age[5]、age[-1]，程序编译时不会认为有语法错误，但是程序运行时得到的值无法控制。

6.1.2　一维数组的初始化

数组定义后，系统会根据数组的长度分配一定数量的连续内存空间进行存储，空间分配后内存地址不能改变，但是存储在里面的值是可以任意读取和改写的。

用户可以在定义数组的同时给数组的元素赋初始值，完成数组的初始化。

数组初始化的一般形式为：

```
类型标识符 数组名[常量表达式]={值,值,…,值};
```

例如：

```
int age[5]={20,21,19,18,20};
```

初始化后数组的各个元素的值分别为 age[0]=20、
age[1]=21、age[2]=19、age[3]=18、age[4]=20，相当于给数组的
元素按次序进行赋值，数组在内存中的存储方式如图 6-1 所示。

C 语言中关于数组的初始化赋值还有以下几种情况。

(1) 大括号中的值是 0 个，则系统默认全部赋 0。

(2) 大括号中的值少于数组长度，则按次序给前面的元素
赋值，后面的元素赋 0；大括号中的值不能多于数组长度。

(3) 如果定义数组时全部赋值，数组的长度可以省略不写，
编译器会自动确定数组的长度。例如，以下两行代码等效：

```
int age[5]={20,21,19,18,20};
int age[]={20,21,19,18,20};
```

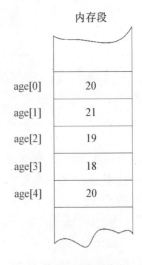

图 6-1　数组的内存存储方式

6.1.3　一维数组的元素读写

数组里的每一个元素自身也是一个变量，表示方法采用数
组名加下标，下标从 0 开始，依次向后直到数组长度减 1。

下标可以是常量，可以是变量，也可以是任意整数表达式，例如 age[0]、age[i]、age[i+j]
都是合法的元素表达方式。

数组的元素只能使用下标逐个读写，一般情况下，使用循环语句处理数组，下标作为
循环变量。例如，输出 age 数组的内容可以采用下面的方式：

```
int i;
int age[5]={20,21,19,18,20};
for(i=0;i<5;i++)
    printf("%d\t",age[i]);
```

【例 6-1】 定义数组，保存整数 0～9，并逆序输出。

【题目分析】定义长度为 10 的整型数组，使用循环顺序赋值，再循环逆序输出。参考
代码如下：

```
#include <stdio.h>
int main( )
{
    int i;
    int a[10];
    for(i=0;i<10;i++)
    {
        a[i] = i;
    }
    for(i=9;i>=0;i--)
    {
```

```
        printf("%4d",a[i]);
    }
    return 0;
}
```

程序的运行结果如图 6-2 所示。

```
 9  8  7  6  5  4  3  2  1  0
```

图 6-2　程序运行结果

【例 6-2】　从键盘输入 5 个正整数保存到数组中，输出其中的最大值、最小值和平均值。

【题目分析】先定义一个长度为 5 的数组，使用循环不断赋值，循环变量作为数组的下标。定义三个整数分别记录最大值、最小值和总和，寻找最大值的思路是假设第一个数就是最大值，从第 2 个数开始找，只要这个数比最大值大，就让最大值等于这个数，一直找到最后，这个最大值就是数组里最大的数字；按照同样的道理也可以找到最小值。参考代码如下：

```
#include <stdio.h>
int main( )
{
    int i;
    int a[5];
    int max,min,sum;
    printf("请输入 5 个整数：\n");
    for(i=0;i<5;i++)
    {
        scanf("%d",&a[i]);
    }
    max=min=sum=a[0];
    for(i=1;i<5;i++)
    {
        sum += a[i];//求和
        if(a[i]<min)//找最小值
            min = a[i];
        if(a[i]>max)//找最大值
            max = a[i];
    }
    printf("最大值为：%d\n 最小值为：%d\n 平均值为:%lf",max,min,sum/5.0);
    return 0;
}
```

程序的运行结果如图 6-3 所示。

【例 6-3】　意大利数学家斐波那契定义了一种数列：1、1、2、3、5、8、13、21、34、…这个数列第 1 项和第 2 项都为 1，往后的每一项都等于前两项之和。使用数组输出斐波那契数列的前 30 项。

【题目分析】定义一个长度为 30 的数组，因为每项等于前

图 6-3　程序运行结果

两项之和，所以至少需要两个初始值，直接给第一个数和第二个数赋值为 1，后面的数字通过循环计算前两项的和。参考代码如下：

```c
#include <stdio.h>
int main( )
{
    int i;
    int a[30];
    a[0]=a[1]=1;
    for(i=2;i<30;i++)
    {
        a[i] = a[i-1]+a[i-2];
    }
    for(i=0;i<30;i++)
    {
        printf("%d\t",a[i]);
        if((i+1)%5==0)
            printf("\n");
    }
    return 0;
}
```

程序的运行结果如图 6-4 所示。

图 6-4　程序运行结果

6.2　二维数组

数组可以看作是一行连续的数据，只有一个下标，称为一维数组。在实际问题中有很多数据是二维的或多维的，C 语言允许构造多维数组，多维数组元素有多个下标，以确定它在数组中的位置。

例如，某个班有 40 个学生，需要记录语文、数学、英语三门课的成绩，这个时候就需要一个二维数组，两个下标分别记录第几个学生和第几门课。

本节只介绍二维数组，多维数组由二维数组类推即可得到。

6.2.1　二维数组的定义

二维数组的定义方式如下：

类型标识符　数组名[常量表达式1]　[常量表达式2];

【说明】

①　"常量表达式 1"为第一维下标的长度，可称为行下标；"常量表达式 2"为第二维下标的长度，可称为列下标。

②　"常量表达式 1"和"常量表达式 2"只能是整型常量或者常数，下标都从 0 开始。

例如：

```
int a[3][4];
```

表示定义了一个 3 行 4 列的二维数组，可以存放 3*4=12 个整型元素，数组名为 a。这 12 个元素可以表达为：

```
a[0][0], a[0][1], a[0][2], a[0][3]
a[1][0], a[1][1], a[1][2], a[1][3]
a[2][0], a[2][1], a[2][2], a[2][3]
```

如果想表示第 2 行第 1 列的元素,应该写作 a[1][0]。

③ 二维数组虽然在概念上是二维的，但在内存中却是连续存放的。也就是说，二维数组的各个元素在内存中的地址是连续的。int 类型每个元素占用 4 个字节，二维数组 a 共占用 4*12=48 个字节，在内存中的存储方式如图 6-5 所示。

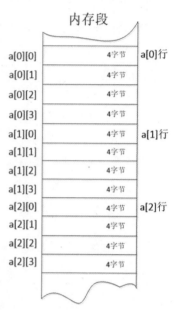

图 6-5　二维数组的内存存储方式

6.2.2　二维数组的初始化

在定义二维数组时即可对数组的元素赋值，可以以数组的存储顺序连续赋值，也可以分段赋值。

连续赋值可写为：

```
int a[3][4]={1,2,3,4,5,6,7,8,9,10,11,12};
```

分段赋值可写为：

```
int a[3][4]={{1,2,3,4},{5,6,7,8},{9,10,11,12}};
```

元素全部赋值时，以上两种写法的效果是一样的，分段赋值的写法更为清晰。

【说明】

① 从分段赋值的写法上可以看出，二维数组可以看作一维数组的数组。例如，二维数组 a 里有 3 个一维数组，分别为 a[0]、a[1]、a[2]，而 a[0]自身也是一个长度为 4 的一维数组，元素分别为 a[0][0]、a[0][1]、a[0][2]、a[0][3]，a[1]、a[2]同样如此。

② 如果连续赋值时数据不够，则按次序对部分元素赋值，其他未赋值的元素赋 0。

③ 如果分段赋值时数据不够，则每对大括号表示一行，本行中未确定的值赋 0。例如：

```
int a[3][4]={{1,2},{3},{}};
```

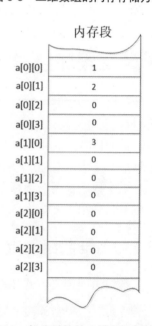

图 6-6　部分赋值的二维数组初始化

二维数组 a 的初始化赋值情况如图 6-6 所示。

④ 和一维数组一样，二维数组初始化时可以省略第一个表示行的下标，但不能省略第二个表示列的下标。如果是分段赋值，则系统根据分段的个数确定行数；如果是连续赋

值,则系统根据列下标的值和赋值的个数自动计算出行的个数,计算的规则是:$\left\lceil \dfrac{数据个数}{列数} \right\rceil$,$\lceil\ \rceil$ 表示向上取整。例如,以下定义的 3 个二维数组的行数都为 3:

```
int a[][4]={{1,2},{3},{}};
int b[][4]={1,2,3,4,5,6,7,8,9,10,11,12};
int c[][4]={1,2,3,4,5,6,7,8,9};
```

6.2.3 二维数组的元素读写

二维数组的元素读写采用数组名加两个下标,表达方式为:

数组名[行下标][列下标]

其中,"行下标"和"列下标"都是整数型常量或整数型表达式,一般采用嵌套循环的方式读写二维数组的元素。

二维数组的逻辑结构和数学中的矩阵非常类似,所以二维数组非常适合处理数学中的矩阵计算问题。

【例 6-4】 一个小组有 4 个人,每个人有 3 门课程的考试成绩,成绩见表 6-1,定义一个二维数组保存并输出所有成绩。

表 6-1 成绩表

姓　名	语文成绩	数学成绩	英语成绩
学生 1	87	0	89
学生 2	0	0	0
学生 3	60	75	0
学生 4	100	100	100

【题目分析】定义一个 4*3 二维数组保存信息,同时采用分段赋值的方式初始化数组元素的值,注意 0 值的赋值方法;使用嵌套循环里的两个循环变量 i 和 j 输出二维数组的所有元素 a[i][j]。参考代码如下:

```
#include <stdio.h>
int main()
{
    int i,j;
    int s[4][3] ={{87,0,89},{},{60,75},{100,100,100}};
    printf("\t 语文成绩\t 数学成绩\t 英语成绩\n");
    for(i=0;i<4;i++)
    {
        printf("学生%d\t",(i+1));
        for(j=0;j<3;j++)
        {
            printf("%6d\t\t",s[i][j]);
        }
        printf("\n");
    }
```

```
        return 0;
}
```

程序的运行结果如图 6-7 所示。

	语文成绩	数学成绩	英语成绩
学生1	87	0	89
学生2	0	0	0
学生3	60	75	0
学生4	100	100	100

图 6-7　程序运行结果

【例 6-5】 输出 4*4 矩阵中最大元素及其行列号，矩阵的元素从键盘输入。

【题目分析】使用二维数组处理数学中的矩阵运算。首先使用嵌套循环输入数据，定义 3 个变量记录最大值和最大值的行号、列号，使用嵌套循环遍历数组元素，依次和最大值变量进行比较，只要数值比表示最大值的变量大，就刷新最大值变量的值并记录行号和列号，最终找出最大值及其行列号。参考代码如下：

```c
#include <stdio.h>
int main()
{
    int i,j;
    int a[4][4];                //矩阵
    int i_max=0,j_max=0;        //记录最大值的行列号
    int max=a[0][0];            //记录最大值
    printf("需要输入 4 行数据，每行 4 个整数，使用空格隔开。\n");
    for(i=0;i<4;i++)
    {
        printf("第%d 行数据: ",(i+1));
        for(j=0;j<4;j++)
        {
            scanf("%d",&a[i][j]);
        }
    }
    for(i=0;i<4;i++)            //嵌套遍历所有元素
    {
        for(j=0;j<4;j++)
        {
            if(a[i][j]>max)
            {
                max = a[i][j];
                i_max = i;
                j_max = j;
            }
        }
    }
    printf("阵中最大元素为%d\n 位于矩阵的第%d 行第%d 列",max,i_max+1,j_max+1);
    return 0;
}
```

程序的运行结果如图 6-8 所示。

```
需要输入4行数据，每行4个整数，使用空格隔开。
第1行数据：4 5 8 9
第2行数据：-3 9 20 44
第3行数据：55 8 -5 34
第4行数据：12 34 40 -1
阵中最大元素为55
位于矩阵的第3行第1列
```

图 6-8　程序运行结果

【例 6-6】　杨辉三角是二项式系数在三角形中的一种几何排列，排列形式如下所示，要求使用二维数组存储并输出杨辉三角。

```
1
1     1
1     2     1
1     3     3     1
1     4     6     4     1
1     5     10    10    5     1
...
```

例 6-6 杨辉三角

【题目分析】定义二维数组 a[20][20]，最多支持计算 20 行杨辉三角数据，所有数据全部初始化为 0，第 1 列和对角线为 1，从第 3 行第 2 列起，下 1 行数据等于上 1 行前 1 列的值和上 1 行本列值的和，元素值公式如下：

$$a[i][j] = \begin{cases} 1 & j=0 \text{时} \\ 1 & i=j \text{时} \\ a[i-1][j-1]+a[i-1][j] & i>j \text{时} \end{cases}$$

参考代码如下：

```c
#include <stdio.h>
int main()
{
    int row;      //打印的行数
    printf("请输入打印行数(不大于20)\n");
    scanf("%d",&row);
    int a[20][20]={0};  //所有元素初始化为0
    int i,j;
    for(i=0;i<row;i++)
    {
        for(j=0;j<row;j++)
        {
            if(j==0 || i==j)     //第1列和对角线赋值1
            {
                a[i][j] = 1;
            }
            else if(i>j)          //计算三角
            {
                a[i][j]=a[i-1][j-1]+a[i-1][j];
            }
            else if(i<j)          //提前结束本行计算
                break;
```

```
        }
    }
    for(i=0;i<row;i++)
    {
        for(j=0;j<=i;j++)
        {
            printf("%d\t",a[i][j]);
        }
        printf("\n");
    }
    return 0;
}
```

程序的运行结果如图 6-9 所示。

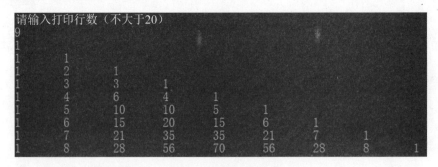

图 6-9　程序运行结果

【例 6-7】　随机产生 6*8 的数组元素，转置后存放在另一个数组中再输出。

【题目分析】C 语言使用 rand()函数产生随机整数，rand()%101 则产生 0～100 的随机整数，使用随机函数需要导入 stdlib.h 头文件，关于函数的内容将在第 7 章详细讲解。

定义两个二维数组，第一个数组通过随机函数进行嵌套循环赋值，再使用一组嵌套循环将第一个数组的行列号互换形成第二个数组的内容。参考代码如下：

```
#include <stdio.h>
#include <stdlib.h>
 int main()
 {
    int i,j;
    int a[6][8];
    int b[8][6];
    //使用随机函数给数组元素赋值
    for(i=0;i<6;i++)
    {
        for(j=0;j<8;j++)
        {
            a[i][j] = rand()%101;
        }
    }
    //输出二维数组
    printf("数组内容为: \n");
    for(i=0;i<6;i++)
```

```
    {
        for(j=0;j<8;j++)
        {
            printf("%d\t",a[i][j]);
        }
        printf("\n");
    }
    //转置
    for(i=0;i<6;i++)
    {
        for(j=0;j<8;j++)
        {
            b[j][i] = a[i][j];
        }
    }
    //输出转置后的数组
    printf("转置后的数组内容为：\n");
    for(i=0;i<8;i++)
    {
        for(j=0;j<6;j++)
        {
            printf("%d\t",b[i][j]);
        }
        printf("\n");
    }
    return 0;
}
```

程序的运行结果如图 6-10 所示。

图 6-10　程序运行结果

【例 6-8】　在例 6-4 的基础上增加最后一行总计数据和最后一列总分数据。

【题目分析】由于增加了一行和一列数据，定义数组时行号和列号分别多 1，使用嵌套循环分别计算最后一行数据和最后一列数据。参考代码如下：

例 6-8 增加总分列和总计行

```
#include <stdio.h>
int main()
{
```

```
    int i,j;
    int s[5][4] ={{87,0,89},{},{60,75},{100,100,100},{}};
    printf("\t 语文成绩\t 数学成绩\t 英语成绩\t 总分\n");
    //计算最后一列
    for(i=0;i<4;i++)
    {
        for(j=0;j<3;j++)
        {
            s[i][3] += s[i][j];
        }
    }
    //计算最后一行
    for(i=0;i<4;i++)
    {
        for(j=0;j<4;j++)
        {
            s[4][j] += s[i][j];
        }
    }
    //输出数组
    for(i=0;i<5;i++)
    {
        if(i<=3)
            printf("学生%d\t",(i+1));
        else if(i==4)
            printf("总计\t");
        for(j=0;j<4;j++)
        {
            printf("%5d\t\t",s[i][j]);
        }
        printf("\n");
    }
    return 0;
}
```

程序的运行结果如图 6-11 所示。

图 6-11 程序运行结果

<h2>6.3 数组常用算法</h2>

数组是程序的基本结构,在实际应用中大量存在,是程序设计中不可或缺的组成部分。本节通过数组实例讲解数组的常用算法,包括数组数据的删除、插入、排序等常用操作。

6.3.1 数组元素的删除

对于一个数组,一旦定义后,其分配的内存空间就已确定,长度也不能改变。元素的删除实际是对其内容的修改,通过被删除元素后面的元素依次覆盖前面一个元素完成删除操作。

删除数据的实现过程如下。

(1) 定位:确定待删除数据的下标。通过循环将待删除数据和数组中的元素依次比较,一旦相等则结束循环,此时的循环变量即为待删除元素的下标。如果没有找到相等的元素,则定位失败,无法完成删除操作。

(2) 前移覆盖:将待删除元素后面的元素依次前移。使用循环从待删除元素的下标开始,直到最后一个元素,通过语句"a[i]=a[i+1];"将后面的数不断覆盖前一个数。

(3) 数据个数减 1:完成第(2)步之后,还需将记录数据个数的变量减 1。此时要注意,数组的长度和需要处理数据的个数是不同概念,数组的长度始终不变,它表示可以保存数据的最大个数,但要处理的数据是可变的,个数可以少于数组长度。

【例 6-9】从键盘输入若干不重复的整数,再输入一个要删除的整数,输出剩余整数,如果不存在则提示删除失败。

【题目分析】定义一个整型数组 a,长度为可能输入数据的最大值,可以约定不超过 100 个,定义一个整数 n 表示输入整数的个数。使用循环获取 n 个整数,再获取要删除的整数。使用循环遍历数组找到定位点 k,如果找到则从 k 点数据前移,更改长度。最后输出数组中的前 n-1 个数。参考代码如下:

例 6-9 和例 6-13
删除元素

```c
#include <stdio.h>
int main()
{
    int i;              //循环变量
    int k;              //定位点
    int n;              //数据个数
    int a[100];         //最多可存 100 个整数
    int num;            //待删除的数
    printf("输入数据个数(小于100): \n");
    scanf("%d",&n);
    printf("输入不重复的%d 个整数,使用空格隔开: \n");
    for(i=0;i<n;i++)
    {
        scanf("%d",&a[i]);
    }
    printf("输入要删除的整数: \n");
    scanf("%d",&num);
    //定位
    for(i=0;i<n;i++)
    {
        if(a[i]==num)
        {
            k = i;
```

```
            break;
        }
    }
    if(i<n)//如果存在
    {
        //前移 从前向后
        for(i=k;i<n-1;i++)
        {
            a[i] = a[i+1];
        }
        //长度-1
        n--;
    }
    else
    {
        printf("删除失败，不存在要删除的数据\n");
    }
    printf("剩余的整数是：\n");
    for(i=0;i<n;i++)
    {
        printf("%d ",a[i]);
    }
    return 0;
}
```

程序的运行结果如图 6-12 所示。

```
输入数据个数(小于100):
10
输入不重复的10个整数，使用空格隔开：
1 2 3 4 5 6 7 8 9 10
输入要删除的整数：
6
剩余的整数是：
1 2 3 4 5 7 8 9 10
```

```
输入数据个数(小于100):
8
输入不重复的8个整数，使用空格隔开：
1 3 5 7 9 11 13 15
输入要删除的整数：
6
删除失败，不存在要删除的数据
剩余的整数是：
1 3 5 7 9 11 13 15
```

图 6-12　程序运行结果

6.3.2　数组元素的插入

数组元素的插入和删除类似，不能改变原数组的长度，只是对数组中的元素内容进行修改以达到插入数据的效果。数组的插入操作常用于在有序数组中插入一个数据，使得插入后的数组继续保持有序。

插入数据的实现过程如下。

(1) 定位：确定待插入元素的下标。如果直接给定插入位置，则无须定位；如果要求在某个数据的前面或后面插入数据，或者在有序数组中插入数据，则需要通过循环找到插入数据的位置。

(2) 后移腾位：将待插入位置后面的元素依次后移。要注意后移一定要从后向前进行，从最后一个元素开始，直到待插入位置的下标，通过语句"a[i+1]=a[i];"实现后移，最终将 a[i]这个位置空出来。

(3) 插入：在 a[i] 位置作一次赋值运算，将待指定的数值插入到数组中。

(4) 数据个数加 1：将记录数据个数的变量加 1。

【例 6-10】 从键盘输入若干从小到大的整数，再输入一个要插入的
整数，使所有数据依然保持有序状态。

例 6-10 插入元素

【题目分析】本题可分为以下几个步骤完成。

① 定义一个长度为 100 的整型数组 a 和一个表示整数个数的变量 n。

② 使用循环获取 n 个有序整数和待插入的整数 num。

③ 使用循环遍历数组，当数组元素 a[i]>num 时，此时的循环变量 i 即为需要插入的
位置，使用变量 k 保存，即 k=i；如果一直没有找到，说明 num 应该放置在所有数据的最后
面，此时 k=n。

④ 使用循环变量递减的方法实现数据从后向前移。

⑤ 使用赋值语句"a[k]=num;"将数据插进来。

⑥ 更新数据长度，即 n 值加 1，输出数组中的前 n 个数。

参考代码如下：

```c
//数组插入元素
#include <stdio.h>
int main()
{
    int i;              //循环变量
    int k;              //定位点
    int n;              //数据个数
    int a[100];         //最多可存 100 个整数
    int num;            //待插入的数
    printf("输入数据个数(小于 100)：\n");
    scanf("%d",&n);
    printf("输入递增的%d 个整数，使用空格隔开：\n");
    for(i=0;i<n;i++)
    {
        scanf("%d",&a[i]);
    }
    printf("输入要插入的整数：\n");
    scanf("%d",&num);
    //定位
    for(i=0;i<n;i++)
    {
        if(a[i] > num)
        {
            k = i;
            break;
        }
    }
    if(i < n)
    {
    //后移，从后向前
    for(i=n-1;i>=k;i--)
    {
        a[i+1] = a[i];
    }
```

```
}
    //如果放最后
    else
        k = n;
    //插入
    a[k] = num;
    //长度+1
    n++;
    printf("插入后的整数是：\n");
    for(i=0;i<n;i++)
    {
        printf("%d ",a[i]);
    }
    return 0;
}
```

程序的运行结果如图 6-13 所示。

图 6-13　程序运行结果

6.3.3　冒泡排序法

在实际应用中，有很多场景需要将数组元素按从大到小(或者从小到大)的顺序排列。例如，处理学生成绩时老师会按成绩从高到低进行排序；点餐时可以根据商家距离由近到远排序，也可以根据评分由高到低进行排序。

本节使用数组实现数据的排序，排序的方法有很多种，比如冒泡排序、选择排序、插入排序、快速排序等，其中最经典、最需要掌握的是"冒泡排序"。

以从小到大排序为例，冒泡排序的整体思想是这样的。

(1) 从数组第一个元素开始，不断比较相邻两个元素的大小，通过交换两个元素的值让较大的元素逐渐往后移动，直到数组的末尾。经过第一轮的比较，就可以将最大的数移动到最后一个位置。

(2) 第一轮结束后，继续第二轮。仍然从数组第一个开始比较，让较大的元素逐渐往后移动，直到数组的倒数第二个元素为止。经过第二轮的比较，就可以将次大的元素放到倒数第二个位置。

(3) 以此类推，进行 n-1(n 为数组长度)轮交换移动，可以将所有的元素都排列好。

整个排序过程就好像气泡不断从水里冒出来，最大的先出来，次大的第二出来，最小的最后出来，所以将这种排序方式称为冒泡排序。

下面以 5 个整数的从小到大冒泡排序进行说明。数组定义如下：

```
int a[5] = {5,2,7,1,3};
```

第一轮先比较 5 和 2，前面大于后面则交换，形成新的数列(2,5,7,1,3)；后移一位比较 5

和 7，前面数小于后面数不交换，数列不变；继续后移一位比较 7 和 1，交换形成新数列 (2,5,1,7,3)；继续后移一位比较 7 和 3，交换形成数列(2,5,1,3,7)，最终第一轮经过 4 次比较交换将最大数 7 沉到底部，过程如图 6-14 所示。

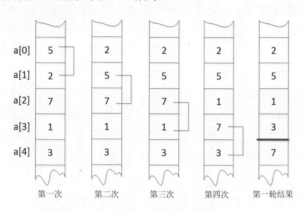

图 6-14　第一轮排序

继续进行第二轮，第二轮只需对前 4 个数进行排序，排序过程和第一轮相同，最终第二轮经过 3 次比较交换将次大数 5 沉下来，过程如图 6-15 所示。

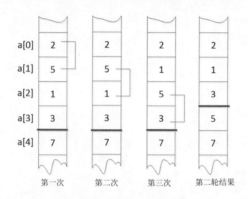

图 6-15　第二轮排序

第三轮比较交换 2 次将数字 3 沉下来，第四轮比较交换 1 次再沉一个数 2，剩余最后一个数不作任何处理，到此排序结束，第三轮和第四轮排序过程如图 6-16 所示。

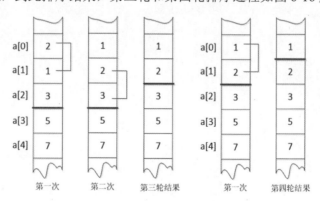

图 6-16　第三轮和第四轮排序

由此可见，n 个数需要经历 $n-1$ 轮，$1+2+\cdots+n-1$ 即 $\dfrac{n(n-1)}{2}$ 次比较交换完成冒泡排序。

【例6-11】 随机产生 10 个 0～100 的整数，使用冒泡排序法从小到大排序后输出。

【题目分析】循环使用 rand()随机函数 10 次生成 10 个随机数保存至数组中。10 个数字冒泡排序需要 9 轮，第 1 轮比较交换 9 次，第 2 轮 8 次，以此类推，第 9 轮 1 次，因此需要使用嵌套循环，外循环变量 i 从 0 增至 9，控制轮数；内循环次数随着 i 的增加不断减少，每次循环的次数为 9-i 次。参考代码如下：

```c
#include <stdio.h>
#include <stdlib.h>
int main()
{
    int i,j;
    int n = 10;
    int a[10];
    int temp;
    //随机产生10个0～100的整数
    for(i=0;i<n;i++)
    {
        a[i] = rand()%101;
    }
    printf("排序前: \n");
    for(i=0;i<n;i++)
    {
        printf("%d\t",a[i]);;
    }
    //顺序排序
    for(i=0;i<n-1;i++)
    {
        for(j=0;j<n-1-i;j++)
        {
            if(a[j]>a[j+1])//判断交换
            {
                temp = a[j];
                a[j] = a[j+1];
                a[j+1] = temp;
            }
        }
    }
    //输出排序后的数组
    printf("\n排序后: \n");
    for(i=0;i<n;i++)
    {
        printf("%d\t",a[i]);
    }
    return 0;
}
```

程序的运行结果如图 6-17 所示。

```
排序前:
41 85 72 38 80 69 65 68 96 22
排序后:
22 38 41 65 68 69 72 80 85 96
```

图 6-17　程序运行结果

【说明】

①　从小到大冒泡排序可以总结为一个口诀： n 个数字来排队，两两相比小靠前，外层循环 n-1，内层循环 n-1-i。

②　如果是从大到小排序，只需改变交换的判断条件，即将 a[j]>a[j+1]改为 a[j]<a[j+1]。

6.3.4　其他算法

【例 6-12】　合并两个长度为 10 的有序数组，使得合并后的数组依然有序，数组的数据随机产生。

【题目分析】产生随机数和排序方法前面都已讲过，本题重点在于合并有序数组。通过循环变量 i 和 j 同时遍历数组 a 和数组 b，如果 a[i]<b[j]，将 a[i]放置到数组 c 中，并将 i 和 c 的循环变量 k 后移，否则将 b[j]放置到数组 c 中，并将 j 和 k 后移，直到有一个数组 a 或 b 全部遍历完，最后将没有遍历完的数组剩余元素放置到 c 的末尾。

例 6-12 合并两个
有序数组

参考代码如下：

```c
//有序合并
#include <stdio.h>
#include <stdlib.h>
 int main()
 {
    int i,j,k;
    int a[10],b[10],c[20];
    int temp;
    //产生随机数
    for(i=0;i<10;i++)
    {
        a[i] = rand()%101;
    }
    for(i=0;i<10;i++)
    {
        b[i] = rand()%101;
    }
    //数组 a 顺序排序
    for(i=0;i<9;i++)
    {
        for(j=0;j<9-i;j++)
        {
            if(a[j]>a[j+1])
            {
```

```
            temp = a[j];
            a[j] = a[j+1];
            a[j+1] = temp;
        }
    }
}
//数组 b 顺序排序
for(i=0;i<9;i++)
{
    for(j=0;j<9-i;j++)
    {
        if(b[j]>b[j+1])
        {
            temp = b[j];
            b[j] = b[j+1];
            b[j+1] = temp;
        }
    }
}
//输出合并前
printf("a 数组：\n");
for(i=0;i<10;i++)
{
    printf("%d ",a[i]);
}
printf("\nb 数组：\n");
for(i=0;i<10;i++)
{
    printf("%d ",b[i]);
}
//合并
i = 0;
j = 0;
k = 0;
while(i<10 && j<10)
{
    if(a[i]<b[j])
        c[k++] = a[i++];
    else
        c[k++] = b[j++];
}
//处理数组剩余元素
if(i>=10)
    while(j<10)
        c[k++] = b[j++];
else if(j>=10)
    while(i<10)
        c[k++] = a[i++];
//输出合并后
printf("\n 合并后：\n");
for(i=0;i<20;i++)
```

```
    {
        printf("%d ",c[i]);
    }
    return 0;
}
```

程序的运行结果如图 6-18 所示。

```
a数组:
22 38 41 65 68 69 72 80 85 96
b数组:
24 49 51 61 63 66 67 80 83 87
合并后:
22 24 38 41 49 51 61 63 65 66 67 68 69 72 80 80 83 85 87 96
```

图 6-18　程序运行结果

【例 6-13】 改进例 6-9 的元素删除方法，删除可重复数组中的元素，即删除和指定数相等的所有元素，没有则不删除。

【题目分析】和例 6-9 相比，同样是删除元素，只是删除的个数不确定，也许是 0 个，也许是 1 个，也可能是多个，所以需要在例 6-9 的参考代码基础上继续完善，在删除元素的代码处再套一层外循环，删除一个元素后从这个元素开始继续向后寻找，如果找到继续删除，直到循环变量超出了数组长度为止。参考代码如下：

```
#include <stdio.h>
int main()
{
    int i,j;          //循环变量
    int k = 0;        //定位点
    int n;            //数据个数
    int a[100];       //最多可存 100 个整数
    int num;          //待删除的数
    printf("输入数据个数(小于 100): \n",n);
    scanf("%d",&n);
    printf("输入可重复的%d 个整数，使用空格隔开: \n",n);
    for(i=0;i<n;i++)
    {
        scanf("%d",&a[i]);
    }
    printf("输入要删除的整数: \n",n);
    scanf("%d",&num);
    while(1)
    {
        //定位
        for(i=k;i<n;i++)
        {
            if(a[i]==num)
            {
                k = i;
                break;
            }
        }
        if(i<n)//如果存在
        {
```

```
        //前移, 从前向后
        for(i=k;i<n-1;i++)
        {
            a[i] = a[i+1];
        }
        //长度-1
        n--;
    }
    else if(i==n)
        break;
    }
printf("剩余的整数是: \n",n);
for(i=0;i<n;i++)
{
    printf("%d ",a[i]);
}
return 0;
}
```

程序的运行结果如图 6-19 所示。

```
输入数据个数(小于100):
8
输入可重复的8个整数, 使用空格隔开:
1 2 3 4 2 5 2 2
输入要删除的整数:
2
剩余的整数是:
1 3 4 5
```
```
输入数据个数(小于100):
8
输入可重复的8个整数, 使用空格隔开:
2 3 5 3 2 3 7 8
输入要删除的整数:
4
剩余的整数是:
2 3 5 3 2 3 7 8
```

图 6-19　程序运行结果

本 章 小 结

本章主要讲解了数组的相关知识。C 语言使用数组存放一组相同类型的数据,在实际应用中很多数据都是大量存在的,其中最重要的一种处理方式就是用数组进行读取。数组的学习内容包括数组的定义、初始化,数组元素的读写、插入、删除等操作。数组可以分为一维数组和多维数组,一维数组一般使用 for 循环进行各种操作,多维数组则使用嵌套循环进行操作。冒泡排序法也是本章的重要内容之一,它是众多排序算法中最简单、实用的一种,初学者务必掌握。

自 测 题

一、单选题

1. 如果一个 int 型变量占用 4 个字节, 定义 int x[10]={0,2,4}, 则数组 x 在内存中所占字节数是( )。

A. 3　　　　　　　B. 12　　　　　　　C. 10　　　　　　　D. 40

2. 在 C 语言中, 引用数组元素时, 其数组下标的数据类型是( )。

A. 整型变量　　　B. 整型常量　　　C. 整型表达式　　　D. 以上都可以

3. 一维整型数组 a 错误的定义是(　　)。

　　A. int a[10];　　　　　　　　　　B. int n=10; int a[n];

　　C. int a[4+5];　　　　　　　　　　D. #define SIZE 10

　　　　　　　　　　　　　　　　　　　　　int a[SIZE];

4. 一维数组 a 进行不正确初始化的语句是(　　)。

　　A. double a[5]={0}　　　　　　　　B. int a[5]={0,0,0,0,0};

　　C. int a[4]={0,0,0,0,0};　　　　　D. int a[4]={};

5. 对以下说明语句的正确理解是(　　)。

```
int a[10]={6,7,8,9,10};
```

　　A. 将 5 个初值依次赋给 a[1]至 a[5]

　　B. 将 5 个初值依次赋给 a[0]至 a[4]

　　C. 将 5 个初值依次赋给 a[6]至 a[10]

　　D. 因为数组长度与初值的个数不相同，所以此语句不正确

6. 若有以下语句：

```
int a[10] = {1,2,3,4,5,6,7,8,9,10};
char c='a';
printf("%d",_____);
```

如果输出 4，横线处可以填写(　　)。

　　A. a[4]　　　　　　B. a[d−c]　　　　　　C. a['d'−'c']　　　　　　D. a['d−c]

7. 有以下程序 (每行程序前面的数字表示行号)，选项正确的是(　　)。

```
1 int main()
2 {
3   float a[10]={0.0};
4   int i;
5   for(i=0;i<3;i++)  scanf("%d",&a[i]);
6   for(i=1;i<10;i++) a[0]=a[0]+a[i];
7   printf("%fn",a[0]);
8   return 0;
9}
```

　　A. 没有错误　　　　　　　　　　　　B. 第 3 行有错误

　　C. 第 5 行有错误　　　　　　　　　　D. 第 7 行有错误

8. 有以下程序 (每行程序前面的数字表示行号)，选项正确的是(　　)。

```
1 int main()
2 {
3    float a[3]={0};
4    int i;
5    for(i=0;i<3;i++)  scanf("%f",&a[i]);
6    for(i=1;i<4;i++) a[0]=a[0]+a[i];
7    printf("%fn",a[0]);
8    return 0;
9 }
```

　　A. 没有错误　　　　　　　　　　　　B. 第 3 行错误

　　C. 第 5 行有错误　　　　　　　　　　D. 第 6 行有错误

9. 若有定义语句：int a[3][6]; 按在内存中存放的顺序，a 数组的第 10 个元素是(   )。

    A. a[0][3]　　　　　　B. a[1][4]　　　　　C. a[0][4]　　　　　　　　D. a[1][3]

10. 以下数组定义中错误的是(   )。

    A. int x[][3] = {0};　　　　　　　　　　B. int x[2][3] = {{1,2}, {3,4}, {5,6}};

    C. int x[][3] = {{1,2,3}, {4,5,6}};　　　　D. int x[2][3] = {1,2,3,4,5,6};

二、填空题

1. 有以下程序：

```c
#include <stdio.h>
int main()
{
    int i,a[10];
    for(i=0;i<10;i++)
        scanf("%d",&a[i]);
    while(i>0)
    {
        printf("%3d",a[--i]);
        if(!(i%5))
            printf("\n");
    }
    return 0;
}
```

程序运行后输出的结果为＿＿＿＿＿＿＿＿＿＿＿。

2. 有以下程序：

```c
#include <stdio.h>
int main()
{
    int i=0,j;
    int a[8];
    int n=18;
    do
    {
        a[i]=n%2;
        i++;
        n/=2;

    }while(n>=1);
    for(j=i-1;j>=0;j--)
        printf("%d",a[j]);
    printf("\n");
    return 0;
}
```

程序运行后输出的结果为＿＿＿＿＿＿＿＿＿＿＿。

3. 有以下程序：

```c
#include <stdio.h>
int main()
```

```
{
    int i=0,j=0,k;
    int a[10];
    int b[5]={1,2,3,9};
    int c[5]={2,4,7,8};
    for(k=0;k<6;k++)
    {
        if(b[i]<c[j])
            a[k] = b[i++];
        else
            a[k] = c[j++];
    }
    for(k=0;k<6;k++)
        printf("%d",a[k]);
    return 0;
}
```

程序运行后输出的结果为＿＿＿＿＿＿＿＿＿＿。

4. 有以下程序:

```
#include <stdio.h>
int main()
{
    int a[4][4]={{1,2,3,4},{5,6,7,8},{9,10,11,12},{13,14,15,16}};
    int i,s=0;
    for(i=0;i<4;i++)
        s+= a[i][i];
    printf("%d",s);
    return 0;
}
```

程序运行后输出的结果为＿＿＿＿＿＿＿＿＿＿。

5. 有以下程序:

```
#include <stdio.h>
int main()
{
    int s[12]={1,2,3,4,4,3,2,1,1,1,2,3};
    int i,c[5]={0};
    for(i=0;i<12;i++)
        c[s[i]]++;
    for(i=1;i<5;i++)
        printf("%d",c[i]);
return 0;
}
```

程序运行后输出的结果为＿＿＿＿＿＿＿＿＿＿。

6. 以下程序实现了输出二维数组对角线的和34，请补全代码。

```
#include <stdio.h>
int main()
{
```

```
int a[4][4]={{1,2,3,4},{5,6,7,8},{9,10,11,12},{13,14,15,16}};
int i,s=0;
for(i=0;_____;i++)
    _____
printf("%d",s);
return 0;
}
```

7. 以下程序随机产生 10 个 10~40 的整数(包括 10 和 40)，逆序排序后输出，请补全代码。

```
#include <stdio.h>
#include <stdlib.h>
int main()
{
    int i,j;
    int a[10];
    int temp;
    for(i=0;i<10;i++)
    {
        a[i] = _____;
    }
    for(i=0;i<9;i++)
    {
        for(j=0;_____;j++)
        {
            if(_____)//判断交换
            {
                temp = a[j];
                a[j] = a[j+1];
                a[j+1] = temp;
            }
        }
    }
    for(i=0;i<10;i++)
        printf("%d ",a[i]);
    return 0;
}
```

三、编程题

1. 求有 10 个整数的数组 a 中奇数的个数和平均值，以及偶数的个数和平均值。

2. 从键盘输入 10 个数，求去除一个最大数和一个最小数后的平均数。

3. 数组中有 n 个正整数，要求将它们从小到大排序，并且奇数在前偶数在后。例如，数组中的元素是：10,8,3,7,6,5,4,3,2,1,9，排序后的元素是：1,3,3,5,7,9,2,4,6,8,10。

4. 求一个 4*4 数组中主对角线的和以及副对角线元素的积，数组的数从键盘输入。

5. 编写程序，实现方阵的旋转。

例如，如图 6-20 所示的方阵，对该方阵顺时针旋转，却是如图 6-21 所示的结果。

1	2	3	4
5	6	7	8
9	10	11	12
13	14	15	16

图 6-20　原方阵

13	9	5	1
14	10	6	2
15	11	7	3
16	12	8	4

图 6-21　旋转后的方阵

6. 在数组 a 中有 n 个整数，要求把下标从 0 到 p(p 小于等于 n-1)的数平移到数组的最后。如原数组元素为 1,2,3,4,5,6,7,8,9,10，当 p=4 时，移动后的数组元素为 6,7,8,9,10,1,2,3,4,5。

7. 在数组 a 中存有 n 个整数，如果某个整数比该数以后的 5 个整数都大则视为有效数，统计出数组 a 有效数的个数。

8. 在数组 a 中有 n 个人围坐一圈并按顺时针方向从 1 到 n 编号，从第 1 个人开始进行 1～m 的报数，报到数字 m 的人出圈。再从他的下一个人重新开始 1～m 的报数，如此进行下去直到所有的人都出圈为止，现要求将出圈次序重新存入数组 a 中。

9. 创建一个 n 行 n 列的数组，将 1～n*n 的数字螺旋填入，方向为顺时针，输出效果如图 6-22 所示。

图 6-22　输出效果

第 **7** 章

函数

本章要点

◎ 函数的定义与调用

◎ 递归函数的应用

◎ 使用多文件结构组织程序

◎ 变量的作用域

◎ 变量的存储类型

学习目标

◎ 掌握函数定义与调用的使用方法

◎ 理解函数调用过程中参数的传递

◎ 掌握库函数的使用

◎ 理解递归函数

◎ 掌握多文件结构的组织方式

◎ 理解变量的作用域

◎ 了解变量的存储类型

7.1 函数的定义与调用

在解决复杂问题时，可以借鉴模块化程序设计思想，自顶向下、逐步细化，按功能分为若干个较小的、相对独立的模块。函数是模块划分的基本单位，是对处理问题过程的一种抽象，它可以被重复调用，有利于提高开发效率，增强可靠性。

C 语言程序可以包含多个函数，其中，main 函数是程序执行的开始。一般 main 函数的定义格式如下：

```
int main()
{
    //main 函数体，实现 main 函数的功能
    return 0;
}
```

【说明】

①　main 函数由操作系统调用，执行至 return 语句，向操作系统返回 0，表示正常结束。

②　main 函数可以调用子函数，子函数可以调用其他函数，函数间的调用可以实现程序的复杂功能。

7.1.1 函数的定义

函数由函数头部和函数体组成，定义格式如下：

```
返回值类型   函数名(数据类型 形式参数 1,数据类型 形式参数 2,…,数据类型 形式参数 n)
{
    //函数体，实现函数的功能
}
```

函数头部包括三要素，分别为函数返回值类型、函数名和形式参数列表。

①　"函数名"是调用函数的重要依据，"函数名"的定义需符合 C 语言的标识符定义规则，最好能"见名知意"。

②　"形式参数列表"是函数的输入数据，若函数没有输入数据，称为无参函数；若函数有输入参数，称为有参函数，需给出形参的数据类型与形参名。

③　返回值类型是函数返回值的数据类型，若函数只完成某些操作，没有返回值，需将返回值类型设置为 void；若函数有返回值，但用户没有提供，系统将默认返回值类型为整型 int。

函数体是由"{ }"括起来的部分，实现函数的具体功能，若函数有返回值，需在函数体中设置 return 语句。

return 语句格式如下：

```
return  表达式;
```

或

```
return(表达式);
```

【说明】

① 当程序执行到 return 语句时，将退出函数，不再执行后续语句。

② return 语句中表达式的值就是函数的返回值，表达式值的类型应与函数的返回值类型一致，若二者不一致，则以函数返回值类型为准，若类型可转换，则由系统自动完成。

③ 一个函数可以有多条 return 语句，但 return 语句只能被执行一次。

【例 7-1】 设计函数 isPrime(int n)，判断 n 是否为素数，若是素数，则返回 1，否则返回 0。

【题目分析】设计函数头部三要素，函数名为 isPrime，形式参数为 int n，返回值类型为 int。再设计函数体，其功能为判断 n 是否为素数，根据素数的定义，若 n 能被 2～n-1 范围内的整数整除，则 n 不是素数，返回值为 0，否则 n 是素数，返回值为 1。

例 7-1 设计 Prime 函数判断素数

参考代码如下：

```
int isPrime( int n )
{
    int i;
    for( i = 2; i < n/2; i++)
        if (n % i == 0)
            return 0;
    return 1;
}
```

【说明】

① 编程时，可将数学定义中 2～n-1 的范围缩小为 2～n/2。

② 若有一个数能整除 n，则 n 不是素数，可以使用 return 语句直接返回，不需要继续判断。

7.1.2 函数的调用

函数的调用格式如下：

函数名(实际参数 1,实际参数 2,…,实际参数 n)

【说明】

① 调用函数时，由函数调用语句的实参为形参提供值。

② 若调用无参函数，调用语句不用写实参，但"函数名"后的括号不能省略。

③ 调用函数时，不用写函数返回值类型和实参的数据类型，但实参值的类型、个数、顺序都应该与函数定义时的形参一一对应，实参间用逗号隔开。

【例 7-2】 从主函数调用例 7-1 设计的 isPrime 函数，输出 500～600 的素数。

【题目分析】根据 isPrime 函数的定义，输入参数为需要判断的数，即 500～600 范围内的整数，这可以用 for 循环实现。在循环体中调用 isPrime 函数，若函数返回值为 1，则该数为素数，在显示器中输出。

例 7-2 调用 Prime 函数求素数

参考代码如下：

```c
#include <stdio.h>
int isPrime( int n )
{
    int i;
    for( i = 2; i < n/2; i++)
        if (n % i == 0)
            return 0;
    return 1;
}
int main()
{
    int i;
    printf("500-600 范围内的素数有：\n");
    for( i = 500; i <= 600; i++)
    {
        if(isPrime(i))
            printf("%d\t",i);
    }
    printf("\n");
    return 0;
}
```

程序的运行结果如图 7-1 所示。

500-600 范围内的素数有：							
503	509	521	523	541	547	557	563
569	571	577	587	593	599		

图 7-1　程序运行结果

【例 7-3】　设计函数 add，实现从键盘输入两个整数，在显示器中输出两数之和的功能。该函数需从主函数调用执行。

例 7-3 设计 add
函数

【题目分析】定义函数时，需设计函数头部与函数体，本题没有指定 add 函数的形参与返回值类型，可做如下尝试。

设计函数 void add( )实现两个整数的相加。该函数的输入参数为空，两操作数需在 add 函数体中通过 scanf 函数从键盘输入；该函数的返回值类型为空，相加的结果需在 add 函数体中通过 printf 函数在显示器上输出。

参考代码如下：

```c
#include <stdio.h>
void add( )
{
    int x, y, sum;
    printf("please input two integer:");
    scanf("%d%d", &x, &y);
    sum = x + y;
    printf("the result of add is %d\n", sum);
}
int main()
{
    add();
```

```
    return 0;
}
```

程序的运行结果如图 7-2 所示。

```
please input two integer:1 2
the result of add is 3
```

图 7-2　程序运行结果

【结果分析】

①　观察 void add()函数，除了实现将两操作数相加的功能之外，因为没有输入参数与返回值，而额外承担了数据的输入与输出功能。

②　一般，定义函数时，功能需相对独立，函数与函数之间要满足高内聚、低耦合的关系，所以，改进 void add()函数，将形参作为操作数，通过 return 语句将相加的结果返回主调函数，add 函数体只需要负责操作数的相加。

参考代码如下：

```
#include <stdio.h>
int add( int x, int y)
{
    int sum;
    sum = x + y;
    return sum;
}
int main()
{
    int a, b, s;
    printf("please input two integer:");
    scanf("%d%d", &a, &b);
    s = add(a, b);
    printf("the result of add is %d\n", s);
    return 0;
}
```

程序的运行结果如图 7-3 所示。

```
please input two integer:1 2
the result of add is 3
```

图 7-3　程序运行结果

7.1.3　函数的声明

在 C 语言中，函数和变量一样，必须"先定义，后使用"，定义函数后，可直接调用该函数。若希望在定义之前调用函数，需在调用语句之前给出该函数的声明，格式如下：

返回值类型　函数名(形式参数 1 的数据类型,形式参数 2 的数据类型,…,形式参数 n 的数据类型);

【说明】

①　函数声明语句与函数定义时的头部一致。

② C 语言的编译系统在编译时只对函数的类型进行检查,不检查形式参数名,所以形参名可以不一致,甚至可以不写,但是函数声明中形式参数的数据类型数量、顺序都必须与函数头部一致。

③ 函数声明语句最后有分号";"。

7.2 调用函数的过程

调用函数时,调用其他函数的函数称为主调函数,被其他函数调用的函数称为被调函数。当执行到函数调用语句时,主调函数调用被调函数的过程如下。

(1) 转向:根据函数名从主调函数转至被调函数。

(2) 传参:如果被调函数是有参函数,需从主调函数将数据传递给被调函数。

(3) 执行:执行被调函数的函数体。

(4) 返回:执行到被调函数的 return 语句或函数末尾时,被调函数执行完毕,返回主调函数继续执行。

7.2.1 参数的传递

定义函数时,称函数头部括号内的参数为形参;调用函数时,称主调函数提供的参数值为实参。当主调函数调用被调函数时,数据从实参单向传递给形参,包括以下步骤。

(1) 计算实参表达式的值。

(2) 为形参分配存储单元,作为被调函数的局部变量。

(3) 用实参值初始化形参。

【说明】

① 实参可以是常量、变量、表达式等形式,但必须有确定的值。

② 函数未被调用时,系统不为形参分配实际的内存空间,只有在函数被调用时,系统才为形参分配存储单元,将实参值传递给形参。

③ 将实参值传递给形参的过程是传值的过程,这是单向的数据传递过程,一旦形参获得值便与实参无关,此后形参的变化对实参没有影响。

【例 7-4】 分析输出的结果。

```
01  #include <stdio.h>
02  void swap(int a, int b);
03  int main()
04  {
05      int x,y;
06      x=10;
07      y=20;
08      printf("in main, before swap: x=%d,y=%d\n",x,y);
09      swap(x,y);
10      printf("in main, after  swap: x=%d,y=%d\n",x,y);
11      return 0;
12  }
13  void swap(int a, int b)
```

例 7-4 函数调用的
过程

```
14  {
15      int t;
16      printf("in swap, before swap: a=%d,b=%d\n",a,b);
17      t=a;
18      a=b;
19      b=t;
20      printf("in swap, after  swap: a=%d,b=%d\n",a,b);
21  }
```

程序的运行结果如图 7-4 所示。

```
in main, before swap: x=10,y=20
in swap, before swap: a=10,b=20
in swap, after    swap: a=20,b=10
in main, after    swap: x=10,y=20
```

图 7-4　程序运行结果

【结果分析】

在本例中，main 函数是主调函数，swap 函数是被调函数。观察代码段第 09 行，在 main 函数的调用语句 swap(x,y)中，x 和 y 是实参；观察第 13 行，在 swap 函数的头部 void swap(int a, int b)中，a 和 b 是形参。数据从实参单向传值给形参，具体过程如下。

① 程序从第 03 行开始执行，运行至第 09 行时，调用 swap 函数。

② 第 09 行：swap(x,y)是函数调用语句，通过函数名 swap 定位到 swap 函数定义语句所在的第 13 行，为了能返回主调函数，系统将相关数据以栈帧的形式压入运行栈中，再转去第 13 行。

③ 第 13 行：swap 函数被调用时，系统为形参 a 和 b 分配内存空间，作为 swap 函数的局部变量使用。将主调函数的实参值传递给被调函数的形参，即将实参 x 的值 10 传给形参 a，实参 y 的值 20 传给形参 b，再执行 swap 函数体，实现 a 和 b 值的交换。

④ 第 21 行：swap 函数执行到函数末尾，系统将从运行栈中弹出栈帧，获得相应数据返回主调函数，继续执行第 10 行。swap 函数执行结束，系统将释放为它分配的资源，包括形参 a、形参 b 和局部变量 t。

7.2.2　函数的嵌套调用

函数允许嵌套调用，如果函数 1 调用了函数 2，函数 2 调用了函数 3，则形成了函数的嵌套调用。

【例 7-5】　分析输出的结果。

```
#include <stdio.h>
void fun2()
{
    printf("the begin of fun2()\n");
    printf("the end of fun2()\n");
}
void fun1()
```

例 7-5 嵌套函数的调用

```
{
    printf("the begin of fun1()\n");
    fun2();
    printf("the end of fun1()\n");
}
int main()
{
    fun1();
    return 0;
}
```

程序的运行结果如图 7-5 所示。

```
the begin of fun1()
the begin of fun2()
the end of fun2()
the end of fun1()
```

图 7-5　程序运行结果

【结果分析】

函数调用的过程如图 7-6 所示，图中标号表示执行的顺序。

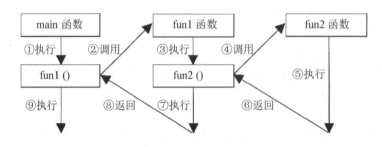

图 7-6　函数的嵌套调用顺序

7.3　库函数

函数是实现特定功能的模块，根据用户需求定义的函数，称为自定义函数；由系统提供给用户直接使用的函数，称为库函数。C 语言提供了丰富的函数库，用户可以调用库函数，实现复杂的功能。根据函数"先定义，后使用"的规则，调用库函数之前，需使用预编译命令"#include"将对应头文件包含进来。例如，在调用标准输出函数 printf 之前，需在程序前面加上预编译命令：

```
#include <stdio.h>
```

【说明】

① 预编译命令要求命令行以"#"开始，命令行的末尾不能加";"。

② 文件包含命令为"#include"。

③ 若被包含的头文件是由系统提供的，需要用"<>"将头文件名括起来。

常用函数及其头文件如表 7-1 所示。

表 7-1 常用函数及其头文件

常用函数	作　用	头 文 件
printf、scanf 函数	格式化输入与输出	stdio.h
getchar、putchar 函数	字符的输入与输出	
gets、puts 函数	字符串的输入与输出	
fopen、fclose 函数	文件的打开与关闭	
abs、cos、sqrt、pow 等函数	数学函数	math.h
isalpha、islower、isupper 等函数	字符函数	ctype.h
strcmp、strcpy、strlen 等函数	字符串函数	string.h
malloc、free 函数	动态分配与释放	stdlib.h
rand 函数	随机函数	

7.4 递归函数

递归函数是指在定义函数时调用函数本身的函数。

采用递归的方法解决问题，需要满足以下条件：

(1) 有明确的结束条件。

(2) 能将要解决的问题转换为规模不断缩小的、向结束条件逼近的、解法相同的新问题。

【例 7-6】 有五个人坐在一起，问第五个人多大，他说比第四个人大 2 岁。问第四个人，他说比第三个人大 2 岁。问第三个人，他说比第二个人大 2 岁。问第二个人，他说比第一个人大 2 岁。最后问第一个人，他说是 10 岁。请问第五个人多大？

例 7-6 简单的递归函数

【题目分析】根据题意，设求解年龄的函数为 age(n)，则计算公式如下：

$$age(n) = \begin{cases} 10, & n=1 \\ age(n-1)+2, & n>1 \end{cases}$$

公式 7.1

这是一个递归公式，因为在求解 age(n)时，调用了函数本身 age(n-1)，结束条件为 n=1。

参考代码如下：

```c
#include <stdio.h>
int age(int n)
{
    if(n==1)
        return 10;
    else
        return age(n-1)+2;
}
int main()
{
    printf("第五个人的年龄为%d 岁\n",age(5));
    return 0;
}
```

程序的运行结果如图 7-7 所示。

第五个人的年龄为 18 岁

图 7-7　程序运行结果

【例 7-7】　求 n!。

【题目分析】阶乘是数学术语，一个正整数的阶乘(factorial)是所有小于等于该数的正整数的积，0 的阶乘为 1，自然数 n 的阶乘可以写作 n!=n×(n-1)×(n-2)×…×2×1。

n 的阶乘也可以定义为：

$$n! = \begin{cases} 1, & x = 0 \\ n \times (n-1)!, & x > 0 \end{cases} \qquad \text{公式 7.2}$$

观察公式 7.2，这是一个递归公式，若定义求阶乘函数名为 fact，在求解 fact(n)时又用到了 fact(n-1)，结束条件为 x=0。

参考代码如下：

```c
#include <stdio.h>
int fact(int n);
int main()
{
    int n,i;
    for(i=0;i<=10;i++)
        printf("%d!=%d\n", i, fact(i));
    return 0;
}
int fact(int n)
{
    if (n == 0)
        return 1;
    else
        return n * fact( n-1 );
}
```

程序的运行结果如图 7-8 所示。

```
0!=1
1!=1
2!=2
3!=6
4!=24
5!=120
6!=720
7!=5040
8!=40320
9!=362880
10!=3628800
```

图 7-8　程序运行结果

【结果分析】

本题体现了递归简单易懂的优点，但函数在递归调用过程中，额外增加了系统开销，会降低程序的运行效率。如图 7-9 所示，以 fact(3)的递归调用过程为例，调用与返回的过程如下所示。

① fact(3)调用 fact 函数，将实参 3 传递给形参 n，执行函数体，返回值为 3*fact(2)，其中 fact(2)是函数调用语句。

② fact(2)调用 fact 函数，将实参 2 传递给形参 n，执行函数体，返回值为 2*fact(1)，其中 fact(1)是函数调用语句。

③ fact(1)调用 fact 函数，将实参 1 传递给形参 n，执行函数体，返回值为 1*fact(0)，其中 fact(0)是函数调用语句。

④ fact(0)调用 fact 函数，将实参 0 传递给形参 n，执行函数体，返回值为 1。

⑤ 将 fact(0)的值返回 fact(1)，得到 fact(1)的值为 1。

⑥ 将 fact(1)的值返回 fact(2)，得到 fact(2)的值为 2。

⑦ 将 fact(2)的值返回 fact(3)，得到 fact(3)的值为 6。

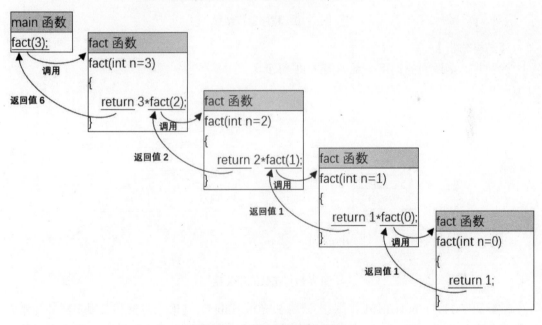

图 7-9　fact(3)的调用与返回

【例 7-8】 用递归算法，求 Fibonacci 数列。

n 阶 Fibonacci 数列的公式为：

$$F(n) = \begin{cases} 1, & n = 0 \\ 1, & n = 1 \\ F(n-1) + F(n-2), & n > 1 \end{cases} \qquad \text{公式 7.3}$$

【题目分析】这是一个递归公式，在求解 F(n)时又用到了 F(n-1)和 F(n-2)，结束条件为 n=0 或 n=1。

参考代码如下：

```
#include <stdio.h>
int Fib(int n)
{
    if( n==0 || n==1 )
        return 1;
    else
        return Fib(n-1)+Fib(n-2);
}
int main()
{
    printf("在斐波那契数列中，Fib(4)的值为：%d\n",Fib(4));
    return 0;
}
```

程序的运行结果如图 7-10 所示。

在斐波那契数列中，Fib(4)的值为：5

图 7-10　程序运行结果

【结果分析】

递归时，函数间的调用关系如图 7-11 所示。

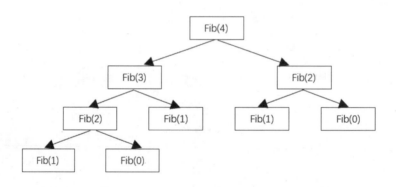

图 7-11　函数调用关系

观察图 7-11，Fib(4)在递归时多次调用 Fib(0)、Fib(1)、Fib(2)，增加了很多额外开销。实际操作中，可以建立一个静态数组保存递归调用过程中产生的中间数据，避免不必要的重复计算，提高运行效率。

注意：所有递归问题都可以用非递归的方法解决，例如求 n!时，既可以使用递归算法，也可以使用循环递推算法，因为递归算法耗时间也耗空间，所以，如果可能，常常将递归改为用循环解决问题。但对于一些递归问题，如果用非递归方法解决会使程序变得十分复杂，则推荐使用递归方法，例如经典的汉诺塔问题。

【例 7-9】　汉诺塔问题。有三根柱子，分别为 A、B、C。A 上有 n 个大小不等的盘子，大的在下，小的在上，如图 7-12 所示。要求将这些盘子从 A 移动到 C，在移动过程中可以借助 B，每次只能移动一个盘子，且在移动过程中，三个柱子上的盘子始终保持大的在下，小的在上。

例 7-9　汉诺塔

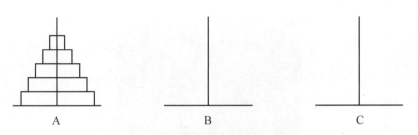

图 7-12　汉诺塔问题示意图

【题目分析】将 n 个盘子从 A 移动到 C 可以分解为以下步骤。

①　将 n-1 个盘子从 A 借助 C 移动到 B。

②　将 A 上剩下的最大的盘子从 A 直接移动到 C。

③　将 n-1 个盘子从 B 借助 A 移动到 C。

上述步骤包含两种操作：

◎　将多个盘子从一个柱子移动到另一个柱子，这是一个递归过程。

◎　将 1 个盘子从一个柱子移动到另一个柱子。

参考代码如下：

```
#include <stdio.h>
//定义函数move，将 src 柱子最上面的一个盘子移动到 dest
void move(char src, char dest)
{
    printf("%c-->%c\n",src,dest);
}
//定义函数hanoi，将 n 个盘子从 src 柱子借助 medium 移动到 dest
void hanoi(int n, char src, char medium, char dest)
{
    if(n==1)
        move(src, dest);
    else
    {
        hanoi(n-1,src,dest,medium);
        move(src,dest);
        hanoi(n-1,medium,src,dest);
    }
}
int main()
{
    hanoi(3,'A','B','C');
    return 0;
}
```

程序的运行结果如图 7-13 所示。

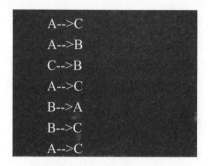

图 7-13　程序运行结果

7.5　多文件结构

目前，我们学习的很多 C 语言程序，因为规模较小，都写在一个源文件中。若项目的代码量大且需要多人合作，为了便于代码的编写与维护，需要将源程序组织在多个文件中。

以多文件组织程序时，文件一般被分为两类：头文件与源文件。

◎　后缀为.h 的文件是头文件，包含函数的声明、变量的声明等内容。

◎　后缀为.c 的文件是源文件，包含函数的具体实现、变量的定义等内容。

一个.h 头文件对应一个.c 源文件是一种很好的编程风格，在实现时通常将具有对应关系的.c 源文件和.h 头文件命名为相同的文件名。

【例 7-10】　用多文件结构，将自定义函数的声明组织在 myfile.h 头文件中，将自定义函数的实现组织在 myfile.c 源文件中，将 main 函数组织在 main.c 源文件中。

myfile.h 头文件的参考代码如下：

```
void func1();
void func2();
```

myfile.c 源文件的参考代码如下：

```
#include "myfile.h"
void func1()
{
    printf("这是 func1\n");
}
void func2()
{
    printf("这是 func2\n");
}
```

main.c 源文件的参考代码如下：

```
#include <stdio.h>
#include "myfile.h"
int main()
{
    func1();
    func2();
```

```
    return 0;
}
```

程序的运行结果如图 7-14 所示。

```
这是 func1
这是 func2
```

图 7-14　程序运行结果

【说明】

① 编译器在编译阶段，包含 main 函数的 main.c 源文件根据 myfile.h 包含的函数声明通过编译。

② 在链接阶段，在项目包含的所有文件中查找函数的具体实现。

③ 在运行阶段，调用相应函数得到执行结果。

7.6　变量的作用域

C 语言程序运行时，系统分配的一段连续的存储空间，可分为程序区、静态存储区、动态存储区，如图 7-15 所示。

| 动态存储区 |
| 静态存储区 |
| 程序区 |

图 7-15　C 语言程序在内存中的存储空间示意图

◎ 程序区：存放程序。

◎ 静态存储区：存放静态数据，在程序编译阶段分配固定不变的存储空间，直到程序运行结束为止。

◎ 动态存储区：存放动态数据，在程序运行期间根据函数的调用分配存储空间，函数执行结束后释放该空间。程序中若调用不同的函数，则为每个被调函数分配独立空间，互不干扰。

在 C 语言中，变量也必须"先定义，后使用"，它的作用域取决于定义的位置。

◎ 定义在函数外部的变量称为全局变量，存储在程序的静态存储区，默认作用域从定义处到整个程序结束。

◎ 定义在函数内部的变量称为局部变量，存储在本函数的动态存储区。函数定义中，头部形参的作用域从形参列表的声明处开始，直到函数结束；函数体中定义的变量，其作用域从定义处开始，直到所处的语句块结束。

【例 7-11】　分析输出的结果。

```
01  #include <stdio.h>
02  int a = 10;
03  void func1(int a)
04  {
05      a ++;
```

```
06        printf("func1::a=%d\n",a);
07    }
08    void func2()
09    {
10        printf("func2::a=%d\n",a);
11    }
12    int main()
13    {
14        int a = 100;
15        printf("main ::a=%d\n",a);
16        func1( a );
17        printf("main ::a=%d\n",a);
18        func2();
19        printf("main ::a=%d\n",a);
20        return 0;
21    }
```

程序的运行结果如图 7-16 所示。

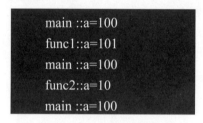

图 7-16　程序运行结果

【结果分析】

① 全局变量存储在静态存储区，局部变量存储在动态存储区，所以全局变量与局部变量可以同名，且局部变量优先级更高。不同函数内部定义的局部变量会在动态存储区的不同函数区域隔离存放，所以不同函数的局部变量可以同名，不会互相干扰。

② 第 02 行：变量 a 是全局变量，值为 10，作用域从定义处开始到程序执行结束。

③ 第 14 行：变量 a 是 main 函数的局部变量，值为 100，其作用域从定义处开始到 main 函数执行结束，此时局部变量 a 与全局变量 a 作用域重叠，在 main 函数内将访问本函数的局部变量 a，屏蔽同名的全局变量 a。

④ 第 15 行：输出"main ::a=100"。

⑤ 第 16 行：调用 func1 函数，程序将转至第 03 行。

⑥ 第 03 行：将实参 a 的值 100 传递给 func1 函数的形参 a，系统为形参 a 在程序动态存储区属于 func1 函数的空间中分配存储单元，此时 main 函数的局部变量 a 在程序动态存储区属于 main 函数的空间中，相互独立，互不影响。func1 函数的形参 a 与全局变量 a 作用域重叠，在函数 func1 中，访问形参 a，屏蔽全局变量 a。

⑦ 第 04 行：开始执行 func1 函数体。

⑧ 第 05 行：func1 函数的形参 a 自增 1，值为 101。

⑨ 第 06 行：输出"func1::a=101"。

⑩ 第 07 行：func1 函数执行完毕，返回主调函数第 16 行，继续执行其后续语句，形

参 a 的生存期结束，系统释放其空间。

⑪　第 17 行：输出"main ::a=100"，即访问 main 函数的局部变量 a。

⑫　第 18 行：调用 func2 函数，程序将转至第 08 行。

⑬　第 08 行：func2 为无参函数。

⑭　第 09 行：开始执行 func2 函数体。

⑮　第 10 行：输出"func2::a=10"，访问的是全局变量 a。

⑯　第 11 行：func2 函数执行完毕，返回主调函数第 18 行，继续执行其后续语句。

⑰　第 19 行：输出"main ::a=100"，即访问 main 函数的局部变量 a。

⑱　第 20 行：main 函数执行结束，向系统返回 0，释放 main 函数的局部变量 a，此时程序也执行结束，释放全局变量 a。

7.7　变量的存储类型

除了根据定义位置，将变量分为全局变量与局部变量外，C 语言还提供了关键字 auto、static、register、extern 供变量定义时使用，让变量的操作更加灵活。

变量的完整定义应包含存储类型与数据类型两个属性，格式如下：

存储类型　数据类型　变量名;

【说明】

①　extern、static 一般用来声明全局变量。

②　auto、register、static 一般用来定义局部变量。

7.7.1　extern、static 与全局变量

1. 全局变量

全局变量的作用域从定义处到程序结束，使用全局变量可以在同源文件的函数之间传递数据。

【例 7-12】　求 10 个变量的总和与平均值。

【题目分析】定义 func 函数求变量的总和与平均值，可将和与平均值定义为全局变量，让 func 函数与 main 函数共享其值。

例 7-12 全局变量
求总和与平均值

参考代码如下：

```
#include <stdio.h>
int sum;
double average;
void func( int p[], int n);
int main()
{
    int a[10], i;
    for( i = 0; i < 10; i++)
        a[i] = i;
    func( a, 10);
    printf("sum=%d,average=%.2f\n", sum, average);
```

```
        return 0;
}
void func( int p[], int n)
{
        int i;
        for( i = 0; i < n; i++)
                sum += p[i];
        average = sum * 1.0 / n;
}
```

程序的运行结果如图 7-17 所示。

sum=45,average=4.50

图 7-17　程序运行结果

【结果分析】

定义在函数外部的 sum 和 average 是全局变量,当 main 函数调用 func 函数时,sum 和 average 处于其有效作用域内,被赋值为总分与平均值,返回 main 函数后,sum 和 average 仍然有效,可以输出。

2. extern 与全局变量

变量需"先定义,后使用",如果变量的定义在使用之后,和函数的解决方法一样,需给出变量的声明。使用 extern 关键字,可以将全局变量的作用域扩展到全局变量的定义之前,声明格式如下:

```
extern　数据类型　变量名;
```

【例 7-13】 求 10 个变量的总和与平均值。

参考代码如下:

```
#include <stdio.h>
void func( int p[], int n);
int sum;
int main()
{
        extern double average;
        int a[10], i;
        for( i = 0; i < 10; i++)
                a[i] = i;
        func( a, 10);
        printf("sum=%d,average=%.2f\n", sum, average);
        return 0;
}
void func( int p[], int n)
{
        extern double average;
        int i;
        for( i = 0; i < n; i++)
                sum += p[i];
        average = sum * 1.0 / n;
```

例 7-13 全局变量
用 extern 声明

```
}
double average;
```

程序的运行结果如图 7-18 所示。

```
sum=45,average=4.50
```

图 7-18　程序运行结果

同理，如果全局变量要在多文件中使用，可以使用 extern 关键字声明全局变量扩大其作用域。

【例 7-14】　分析输出的结果。

myfile.h 文件的代码如下：

```
void func1();
void func2();
```

myfile.c 文件的代码如下：

```
#include "myfile.h"
extern int a;
void func1()
{
    printf("这是 func1  ");
    a++;
    printf("func1::a=%d\n",a);
}
void func2()
{
    printf("这是 func2  ");
    a++;
    printf("func2::a=%d\n",a);
}
```

main.c 文件的代码如下：

```
#include <stdio.h>
#include "myfile.h"
int a=10;
int main()
{
    printf("main::a=%d\n",a);
    func1();
    func2();
    printf("main::a=%d\n",a);
    return 0;
}
```

程序的运行结果如图 7-19 所示。

```
main::a=10
这是 func1    func1::a=11
这是 func2    func2::a=12
main::a=12
```

图 7-19　程序运行结果

C 语言实例化教程(微课版)

3. static 与全局变量

若在多文件中,希望全局变量的作用域仅局限于所在源文件,可以给全局变量加上 static 关键字,使之只能在当前源文件中使用。

【例 7-15】 分析输出的结果。

myfile.h 文件的代码如下:

```
void func1();
void func2();
```

myfile.c 文件的代码如下:

```
#include "myfile.h"
static int a=99;
void func1()
{
    printf("这是 func1  ");
    a++;
    printf("func1::a=%d\n",a);
}
void func2()
{
    printf("这是 func2  ");
    a++;
    printf("func2::a=%d\n",a);
}
```

main.c 文件的代码如下:

```
#include <stdio.h>
#include "myfile.h"
int a=10;
int main()
{
    printf("main::a=%d\n",a);
    func1();
    func2();
    printf("main::a=%d\n",a);
    return 0;
}
```

程序的运行结果如图 7-20 所示。

```
main::a=10
这是 func1   func1::a=100
这是 func2   func2::a=101
main::a=10
```

图 7-20　程序运行结果

7.7.2　auto、static、register 与局部变量

局部变量可以设置为以下存储类型。

(1) auto 变量：是指自动局部变量，若没有指定变量的存储类型，系统将默认为 auto 变量，其存储空间被分配在内存的动态存储区，作用域从定义处到本函数执行结束。调用函数时，系统为该函数的 auto 变量分配存储单元，函数执行结束时，系统释放 auto 变量的空间。

(2) static 局部变量：是指静态局部变量，系统将 static 局部变量存储在静态存储区，生存期将延长至程序执行结束。当第一次调用 static 局部变量所在函数时，系统为其分配存储单元，但它只能被定义一次，当函数执行结束时，其空间不释放，其值保留，待所在函数被再次调用时，该 static 局部变量使用原来存储单元中保留的值继续参与函数的运行。

(3) register 变量：是指寄存器局部变量，当需要频繁引用少数变量，且对其运行速度有较高要求时，可将局部变量定义为 register 变量，建议系统将变量的值保留在 CPU 的寄存器中，而非存储于内存单元。但因 CPU 寄存器容量有限，将变量定义为 register 类型只是一种建议，并非强制执行，若不适合放在寄存器中，系统将自动按 auto 变量处理。

【例 7-16】　分析输出的结果。

```c
#include <stdio.h>
int func()
{
    int a = 1, sum = 0;
    static int b = 10;
    a ++;
    b ++;
    sum = a + b;
    return sum;
}
int main()
{
    printf("%d\n",func());
    printf("%d\n",func());
    printf("%d\n",func());
    return 0;
}
```

例 7-16 静态
局部变量

程序的运行结果如图 7-21 所示。

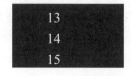

```
13
14
15
```

图 7-21　程序运行结果

【结果分析】

第一次调用 func 函数，先定义局部变量 a 和 sum，存储在动态存储区，接着定义静态局部变量 b，存储在静态存储区。当 func 函数执行结束后，系统释放局部变量 a 和 sum 的

空间，而静态局部变量 b 的空间不释放，依然存储在静态存储区，保留其值 11。

第二次调用 func 函数，重新定义局部变量 a 和 sum，存储在动态存储区，因为静态局部变量 b 只被定义一次，第二次调用时，执行 static int b = 10 语句的效果为继续使用静态局部变量 b，其值为 11。当 func 函数执行结束后，系统释放局部变量 a 和 sum 的空间，而静态局部变量 b 的空间不释放，依然存储在静态存储区，保留其值 12。

第三次调用 func 函数，重新定义局部变量 a 和 sum，存储在动态存储区，因为静态局部变量 b 只被定义一次，第三次调用时，执行 static int b = 10 语句的效果为继续使用静态局部变量 b，其值为 12。当 func 函数执行结束后，系统释放局部变量 a 和 sum 的空间，而静态局部变量 b 的空间不释放，依然存储在静态存储区，保留其值 13。

本 章 小 结

本章主要讲解了 C 语言程序的基本单元——函数。首先，从 main 函数入手，详细介绍了函数的定义和调用方法。其次，通过函数调用过程，分析了数据从实参向形参的传递。接着，为了遵循函数"先定义，后使用"的规则，自定义函数需要重视函数的声明，而库函数需要使用预编译命令"#include"将对应头文件包含到程序中。然后，本章介绍了一种特殊的函数——递归函数，通过实例介绍了递归条件以及递归函数调用与返回的过程。若代码规模较大，可以使用多文件结构组织程序。最后，根据变量与函数的关系，介绍了具有不同存储类型的变量，以及各类变量的生命期和作用域。

自 测 题

一、单选题

1. 以下叙述中正确的是(　　)。
   A. 函数名允许用数字开头
   B. 函数调用时，不必区分函数名称的大小写
   C. 调用函数时，函数名必须与被调用的函数名完全一致
   D. 在函数体中只能出现一次 return 语句

2. 以下关于函数参数的叙述中，错误的是(　　)。
   A. 形参可以是常量、变量或表达式　　　B. 实参应与其对应的形参类型一致
   C. 实参可以是常量、变量或表达式　　　D. 形参可以是任意合法数据类型

3. 若函数调用时，实参为变量，以下关于函数形参和实参的叙述中正确的是(　　)。
   A. 函数的实参和其对应的形参共占同一存储单元
   B. 形参只是形式上的存在，不占用具体存储单元
   C. 同名的实参和形参占同一存储单元
   D. 函数的形参和实参分别占用不同的存储单元

4. 下面的函数调用语句中 func 函数的实参个数是(　　)。

```
func(f2(v1,v2),(v3,v4,v5),(v6,max(v7,v8)));
```

A. 3　　　　　　　B. 4　　　　　　　C. 5　　　　　　　D. 8

5. 以下关于 return 语句的叙述中正确的是(　　)。

　　A. 一个自定义函数中必须有一条 return 语句

　　B. 一个自定义函数中可以根据不同情况设置多条 return 语句

　　C. 定义成 void 类型的函数中可以有带返回值的 return 语句

　　D. 没有 return 语句的自定义函数在执行结束时不能返回到调用处

6. 以下对 C 语言函数的叙述中正确的是(　　)。

　　A. 调用函数时，只能把实参的值传给形参，形参的值不能传给实参

　　B. 函数既能嵌套定义，又能递归定义

　　C. 函数必须有返回值，否则不能使用

　　D. 程序中有调用关系的所有函数必须放在同一个源程序中

7. 以下函数值的类型是(　　)。

```
fun(float x)
{ float y;
  y=3*x-4;
  return y;
}
```

　　A. int　　　　　　　B. 不确定　　　　　　　C. void　　　　　　　D. float

8. 以下叙述中错误的是(　　)。

　　A. 在函数外部定义的变量在所有函数中都有效

　　B. 在函数内部定义的变量只能在本函数范围内使用

　　C. 函数中的形参属于局部变量

　　D. 在不同的函数中可以使用相同名字的变量

9. 以下存储类型中，只有在使用时才为该类型的变量分配空间的是(　　)。

　　A. auto 和 static　　　　　　　　　　B. auto 和 register

　　C. register 和 static　　　　　　　　　D. extern 和 register

10. 当没有指定 C 语言中函数形参的存储类型时，函数形参的存储类型是(　　)。

　　A. 自动(auto)　　　　　　　　　　　B. 静态(static)

　　C. 寄存器(register)　　　　　　　　　D. 外部(extern)

11. 以下与存储类型有关的四组说明符中，全部属于静态类的一组是(　　)。

　　A. register 和 extern　　　　　　　　B. auto 和 static

　　C. register 和 static　　　　　　　　　D. extern 和 static

12. 以下叙述中正确的是(　　)。

　　A. 系统默认 auto 变量的初值为 0

　　B. 用 static 说明的变量是全局变量

　　C. register 变量不能进行求地址运算

　　D. 用 register 说明的变量被强制保留在 CPU 的寄存器中

13. 以下选项中叙述错误的是(　　)。

　　A. C 程序函数中定义的赋有初值的静态变量，每调用一次函数，赋一次初值

　　B. 在 C 程序的同一函数中，各复合语句内可以定义变量，其作用域仅限本复合
　　　语句内

C. C 程序函数中定义的自动变量，系统不自动赋确定的初值

D. C 程序函数的形参不可以说明为 static 变量

14. 有以下程序:

```
#include <stdio.h>
int f1(int x, int y)
{
    return x>y?x:y;
}
int f2(int x, int y)
{
    return x>y?y:x;
}
int main()
{
    int a=4,b=3,c=5,d=2,e,f,g;
    e=f2(f1(a,b),f1(c,d));
    f=f1(f2(a,b),f2(c,d));
    g=a+b+c+d-e-f;
    printf("%d,%d,%d\n",e,f,g);
    return 0;
}
```

程序运行后的输出结果是(   )。

    A. 4,3,7   B. 3,4,7   C. 5,2,7   D. 2,5,7

15. 有以下程序:

```
#include <stdio.h>
long fun(int n)
{
    long s;
    if(n==1||n==2)
        s=2;
    else
        s=n-fun(n-1);
    return s;
}
int main()
{
    printf("%ld\n",fun(3));
    return 0;
}
```

程序运行后的输出结果是(   )。

    A. 1   B. 2   C. 3   D. 4

16. 有以下程序:

```
#include <stdio.h>
int fun()
{
    static int x=1;
```

```
        x*=2;
        return x;
}
int main()
{
        int i,s=1;
        for(i=1;i<=3;i++)
            s*=fun();
        printf("%d\n",s);
        return 0;
}
```

程序运行后的输出结果是(　　　)。

　　A. 0　　　　　　　　B. 10　　　　　　　C. 30　　　　　　　　D. 64

二、填空题

1. 有以下程序:

```
#include <stdio.h>
void fun(int a, int b, int c)
{
        a=b;
        b=c;
        c=a;
}
int main()
{
        int a=10, b=20, c=30;
        fun(a,b,c);
        printf("%d,%d,%d\n",c,b,a);
        return 0;
}
```

程序运行后的输出结果是_____。

2. 有以下程序:

```
#include <stdio.h>
fun(int a, int b)
{
        if(a>b)
            return (a);
        else
            return (b);
}
int main()
{
        int x=3, y=8, z=6, r;
        r=fun(fun(x,y),z*2);
        printf("%d\n",r);
        return 0;
}
```

程序运行后的输出结果是_____。

3. 有以下程序：

```c
#include <stdio.h>
int f(int x);
int main()
{
    int n=1,m;
    m=f(f(f(n)));
    printf("%d\n",m);
    return 0;
}
int f(int x)
{
    return x*2;
}
```

程序运行后的输出结果是_____。

4. 有以下程序：

```c
#include <stdio.h>
int f(int x)
{
    if(x<2)
        return 1;
    return x*f(x-1)+f(x-2);
}
int main()
{
    int y;
    y=f(3);
    printf("%d\n",y);
    return 0;
}
```

程序运行后的输出结果是_____。

5. 有以下程序：

```c
#include <stdio.h>
int main()
{
    int i=1,j=3;
    printf("%d,",i++);
    {
        int i=0;
        i+=j*2;
        printf("%d,%d,",i,j);
    }
    printf("%d,%d",i,j);
    return 0;
}
```

程序运行后的输出结果是_____。

6. 有以下程序:

```c
#include <stdio.h>
void fun(int n)
{
    static int x[3]={1,2,3};
    int k;
    for(k=0;k<3;k++)
        x[k]+=x[k]-n;
    for(k=0;k<3;k++)
        printf("%d ",x[k]);
}
int main()
{
    fun(0);
    fun(1);
    return 0;
}
```

程序运行后的输出结果是_____。

三、编程题

1. 定义一个函数,求解水仙花数(水仙花数是指各位数字的立方和等于该数本身的数)。通过主函数调用该函数,求 100~999 的全部水仙花数。

2. 定义函数,求解两个整数的最大公约数和最小公倍数。

3. 定义一个递归函数,求解 1+2+3+…+n 的和。

4. 定义一个递归函数,将正整数从十进制转换为二进制。

5. 定义三个函数,分别实现输入 2 名学生 2 门课程的成绩、计算每个学生的平均分、计算每门课程的平均分的功能。

第 **8** 章

编译预处理与动态存储分配

本章要点

◎   无参宏与有参宏的定义

◎   文件包含命令

◎   条件编译命令

◎   动态存储分配函数的使用

学习目标

◎   掌握无参宏与有参宏的使用

◎   掌握两种文件包含方式的区别

◎   了解条件编译命令

◎   掌握动态存储分配与回收的方法

8.1 编译预处理

一个 C 语言程序从编写代码到运行得到结果一般需要 6 个步骤：编辑、预处理、编译、链接、装载和运行，其中，预处理阶段将执行预处理命令，得到仅包含 C 语言语句的源文件，它将被编译为目标代码。

C 语言常用的编译预处理命令有：#define、#undef、#include、#if、#else、#elif、#endif、#ifdef、#ifndef、#error 等，由它们构成的预处理命令行，开头必须以 "#" 开始，末尾不能加 ";"。预处理命令行可以根据需要，出现在程序任何一行的开始，其作用域将持续到源文件的末尾。

8.1.1 宏定义

宏定义命令的作用是将一个自定义的标识符定义为字符串，在编译预处理阶段，源程序中所有自定义标识符被替换为指定字符串，因此，宏定义也称为宏替换。

宏定义命令可分为不带参数的宏定义与带参数的宏定义。

1. 不带参数的宏定义

不带参数的宏定义的语法格式如下：

```
#define <标识符> <字符串>
```

例如：

```
#define PI 3.14
```

【说明】
① 编译预处理时，源程序中所有名为 PI 的标识符被替换为字符串 "3.14"。
② 标识符 PI 是 "宏名"，一般用大写字母表示，但这并不是语法规定。
③ 不能替换源程序双引号中与宏名相同的字符串。
④ 宏定义命令一般写在程序的开头。
⑤ 不带参数的宏定义通常用于数字、字符等符号的替换，以提高程序可读性。

【例 8-1】 使用宏定义，从键盘输入半径值，计算相应圆的周长、面积和球体体积。

【题目分析】在圆形和球体的运算中，π值是常用量，若需改变其精度，就要修改源代码中所有π的值。此时可以使用宏定义，只需修改宏定义命令行，就可以完成源代码中所有π值精度的修改。

参考代码如下：

```
#include <stdio.h>
#define PI 3.14
int main()
{
    float r;
    printf("请输入半径值: ");
    scanf("%f",&r);
```

```
    printf("圆的周长为：%f\n",2*PI*r);
    printf("圆的面积为：%f\n",PI*r*r);
    printf("球体体积为：%f\n",1.0*4/3*PI*r*r*r);
    return 0;
}
```

程序的运行结果如图 8-1 所示。

请输入半径值：1
圆的周长为：6.280000
圆的面积为：3.140000
球体体积为：4.186667

图 8-1　程序运行结果

【例 8-2】　分析输出的结果。

```
#include <stdio.h>
#define M 2
#define N M+3
#define NUM (M+1)*N/2
int main()
{
    printf("%d\n",NUM);
    return 0;
}
```

程序的运行结果如图 8-2 所示。

7

图 8-2　程序运行结果

【结果分析】

①　预编译时，先处理命令#define M 2，将从该命令开始到源文件结束出现的所有 M 用"2"替换。

②　接着处理命令行#define N 2+3，将从该命令开始到源文件结束出现的所有 N 用"2+3"替换。

③　再处理命令行#define NUM (2+1)*2+3/2，将从该命令开始到源文件结束出现的所有 NUM 用"(2+1)*2+3/2"替换。

④　经过宏替换后，

```
printf("%d\n",NUM);
```

被替换为：

```
printf("%d\n",(2+1)*2+3/2);
```

经计算，表达式的值为 7。

⑤　宏定义只是简单的文本替换，没有计算功能。

2. 带参数的宏定义

带参数的宏定义的语法格式如下：

```
#define  <标识符>(<参数列表>) <字符串>
```

【说明】

① 预编译时，编译预处理程序用"字符串"替换宏，并用对应的实参替换字符串中的参数，字符串中的其他部分保持不变。

② 在带参数的宏定义中，参数的传递只是替换过程，没有计算功能，所以在实际应用中，带参数的宏定义通常为每个参数加括号"()"。

【例 8-3】 分析输出的结果。

```
#include <stdio.h>
#define MUL(a,b) a*b
main()
{
    int x;
    x=MUL(7, 3+4);
    printf("%d\n",x);
}
```

程序的运行结果如图 8-3 所示。

```
25
```

图 8-3 程序运行结果

【结果分析】

① 在宏定义命令#define MUL(a,b) a*b 中，MUL(a,b)为宏，MUL 是宏名，宏名和左括号"("必须紧挨着，不能有空格。

② MUL 后面的一对圆括号中包含宏参数，若参数有多个需用逗号隔开。

③ a*b 为替换字符串，通常包含宏定义的参数。

④ 预编译时，处理命令#define MUL(a,b) a*b，将从该命令开始到源文件结束出现的所有 MUL(a,b)用 a*b 替换。

⑤ 经过宏替换后，

```
x=MUL(7, 3+4);
```

被替换为：

```
x=7*3+4;
```

经计算，x 的值为 25。

【例 8-4】 使用宏实现两个变量的交换。

【题目分析】交换是常用算法之一，若使用函数，调用时，不仅占用运行时间分配内存单元、保留现场、传递值、返回值，还需为形参分配临时内存单元；而宏替换在编译前就实现了替换，不占用运行时间，也不需要分配内存单元，可以提高运行效率。

参考代码如下：

```
#include <stdio.h>
#define SWAP(a,b) {(a)=(a)+(b); (b)=(a)-(b); (a)=(a)-(b);}
int main()
{
    int a,b;
    printf("请输入两个变量：");
    scanf("%d%d",&a,&b);
    printf("交换前：a=%d, b=%d\n",a,b);
    SWAP(a,b);
    printf("交换后：a=%d, b=%d\n",a,b);
    return 0;
}
```

程序的运行结果如图 8-4 所示。

图 8-4 程序运行结果

【说明】在 C 程序中，通常使用带参数的宏替换简单的函数，提高程序运行效率。

3. 取消宏定义

使用#undef 命令可以提前终止宏定义的作用域，语法格式如下：

```
#undef  <标识符>
```

例如：

```
#define PI 3.14
main()
⋮
#undef PI
⋮
```

宏 PI 的作用域从#define PI 3.14 命令行开始，到#undef PI 命令行结束，自#undef PI 命令行之后，PI 就不再代表 3.14 了。

8.1.2 文件包含

文件包含命令的作用是在编译预处理时，将指定的源文件包含到当前源程序中命令所在处，语法格式如下：

```
#include  <文件名>
```

或

```
#include  "文件名"
```

【说明】

① #include 命令行通常写在源程序的开头，所以被包含文件常被称为"头文件"，但

头文件的后缀不一定是 ".h"。

② 头文件中一般包括公用的#define 命令行、数据类型的声明、函数的原型说明等，函数的定义及实现放在库文件.lib 或动态链接库文件.dll 中。

③ 在程序中，允许有多个#include 命令行，也允许嵌套使用#include 命令。

如果文件名用尖括号<>括起来，系统将按标准方式搜索，到编译系统指定的标准目录(一般为\include 目录)中查找该文件，没有找到则报错。这种格式多用于包含标准头文件，例如：

```
#include <stdio.h>
```

其中，stdio.h 是标准输入输出头文件，该文件中包含标准输入、输出函数的原型声明，通过包含该头文件，可以在程序中调用 scanf、printf 函数实现数据的格式输入与输出。

如果文件名用双引号 "" 括起来，系统将先在当前工作目录中查找文件，若找不到，再到标准目录中查找。这种格式多用于包含用户自定义头文件，例如：

```
#include "myheader.h"
```

用户自定义头文件时，一般在 ".h" 头文件中给出用户自定义函数的函数原型，函数的定义和实现放在与头文件名一致的 ".c" 文件中，例如 "myheader.h" 中函数原型的定义与实现可放在文件 "myheader.c" 中。

8.1.3 条件编译

条件编译命令的作用是满足一定条件，某些源程序代码才被编译，否则不被编译。
条件编译命令的语法格式如下：

```
#ifdef  <标识符>
    <程序段 1>
[#else
    <程序段 2>]
#endif
```

条件编译命令在多文件、跨平台的大型程序开发中非常重要。例如，调试过程中，程序员希望能观察中间结果进行调试，但是调试完成后不希望再出现中间结果，就可以使用条件编译命令。

【例 8-5】 用海伦公式计算三角形面积，使用条件编译命令观察中间结果。

【题目分析】海伦公式计算三角形面积，需要先计算 $s=(a+b+c)/2$，再代入海伦公式 $area=sqrt(s(s-a)(s-b)(s-c))$，调试过程中，可观察输入的数据 a、b、c 和中间结果 s。

例8-5 用条件编译命令观察海伦公式求三角形面积的中间结果

参考代码如下：

```
#include <stdio.h>
#include <math.h>
#define DEBUG
int main( )
{
    double a, b, c;
```

```
    double s, area;
    printf("请输入三角形三条边的边长:");
    scanf("%lf%lf%lf",&a,&b,&c);
#ifdef DEBUG
    printf("DEBUG: a=%f, b=%f, c=%f\n",a,b,c);
#endif
    s=(a+b+c)/2;
#ifdef DEBUG
    printf("DEBUG: s=%f\n",s);
#endif
    area=sqrt(s*(s-a)*(s-b)*(s-c));
    printf("area=%f\n",area);
    return 0;
}
```

程序的运行结果如图 8-5 所示。

```
请输入三角形三条边的边长: 3    4    5
DEBUG: a=3.000000, b=4.000000, c=5.000000
DEBUG: s=(a+b+c)/2=6.000000
area=6.000000
```

图 8-5　程序运行结果

【说明】使用条件编译，可以通过中间结果找到可能存在的错误，当调试完成后，只需要注释或删除 DEBUG 宏定义命令行，就可以只展示最终结果了。

8.2 动态存储分配

若在程序运行之前预先分配存储空间，一经分配后，空间大小固定不可改变，这种分配方式称为静态存储分配。C 语言的数组就是一种静态存储分配方式，定义数组时，数组长度必须是常量，就是为了保证开辟的空间大小固定不变。

但在很多情况下，并不能确定数组元素的个数。为了不出现数组越界的错误，一般将数组长度定义的足够大，但这样会浪费过多的存储空间。

若在程序运行时可以动态地分配与回收存储空间，根据需要增加或减少，这种分配方式称为动态存储分配。C 语言提供了标准库函数实现动态存储分配，使用这些函数时，需要包含头文件 stdlib.h，命令行为：

```
#include <stdlib.h>
```

8.2.1 malloc 函数

malloc 函数可以在内存的动态存储区中，分配长度为 size 的连续存储空间，语法格式如下：

```
void *malloc(unsigned int size)
```

若分配成功，函数返回指向存储区首地址的基类型为 void 的指针；若分配失败，返回 NULL 指针。一般在调用该函数时，需检测返回值是否为 NULL 并执行相应操作。

【说明】

① malloc 函数的形参 size 指动态分配内存空间的大小，单位为字节。系统可根据变量的数据类型开辟空间，例如，为一个整型变量开辟 4 个字节的空间，为一个字符型变量开辟 1 个字节的空间。

② 若不能确定某数据类型变量所占字节数，可使用运算符 sizeof 计算获得，例如 sizeof(int)可以计算出 int 类型的字节数。编程时，推荐使用 sizeof 运算符，这样可以不用关注编译系统，有利于程序的移植。

③ malloc 函数的返回值类型为 void。void 指针是一种特殊的指针，它不限定指向数据的类型。

④ 通过 malloc 函数动态分配得到的存储空间的首地址需赋值给指针变量，因为系统不能判断出 void 指针指向数据的长度，所以必须对 void 指针强制类型转换。

若在程序运行时，需动态生成一个整型存储单元，用指针 pi 指向该空间，再动态生成一个字符型存储单元，用指针 pc 指向该空间，可参考如下语句：

```c
int * pi;
char * pc;
pi = (int *)malloc(sizeof(int));
pc = (char *)malloc(sizeof(char));
*pi = 100;
*pc = 'A';
```

8.2.2　calloc 函数

calloc 函数可以在内存的动态存储区中，为 n 个数据类型相同的数据项分配连续存储空间，每个数据项占 size 个字节，总空间大小为 n*size，语法格式如下：

```c
void *calloc(unsigned int n, unsigned int size)
```

若分配成功，函数返回指向存储区首地址的基类型为 void 的指针，且自动设置初值为 0；若分配失败，则返回 NULL 指针。

若在程序运行时，需生成一个长度为 n(n>0)的一维动态整型数组，可参考如下语句：

```c
pArray = (int *)calloc(n,sizeof(int));
for(i=0;i<n;i++)
    pArray[i]=i+1;
for(i=0;i<n;i++)
    printf("%d ",*(pArray+i));
printf("\n");
```

8.2.3　free 函数

free 函数的语法格式如下：

```c
void free(void *p)
```

【说明】

① 指针 p 必须指向由动态分配函数 malloc 或 calloc 分配的空间。

② free 函数释放指针 p 指向的动态空间后，系统可以将释放的空间重新分配使用。

③　free 函数没有返回值。

上述例子中，malloc 函数生成的由指针 pi 和 pc 指向的动态存储空间，calloc 函数生成的由指针 pArray 指向的动态存储空间，可参考如下语句进行释放：

```
free(pi);
free(pc);
free(pArray);
```

【例 8-6】　用筛选法求出 n 以内的所有素数，要求从键盘输入正整数 n。

【题目分析】筛选法的基本思想是根据 n 建立一个长度为 n+1 的数组，将 1～n 与数组下标对应，作为筛选素数的对象。数组下标对应的数组元素值仅取 0 或 1，若值为 0，表示该下标是素数；若值为 1，表示该下标不是素数。

【算法步骤】

①　调用 calloc 函数，根据键盘输入的 n，定义一维动态整型数组 s，长度为 n+1。

②　calloc 函数自动为数组元素设初始值为 0，表示默认都是素数。

③　将数组下标为 0 和 1 的数组元素值设为 1，表示将 0 和 1 排除在素数之外。

④　将下标 i 从 2～n 以 1 递增进行循环，若 s[i] 值为 0，则 i 是素数，但 i 所有的倍数下标对应的元素值需改为 1，表示不是素数。

【实例分析】

以 n=12 为例，筛选过程如图 8-6 所示。

	0	1	2	3	4	5	6	7	8	9	10	11	12
s	1	1	0	0	0	0	0	0	0	0	0	0	0

初始状态

	0	1	2	3	4	5	6	7	8	9	10	11	12
s	1	1	0	0	1	0	1	0	1	0	1	0	1

2 为素数，2 的倍数不是素数

	0	1	2	3	4	5	6	7	8	9	10	11	12
s	1	1	0	0	1	0	1	0	1	1	1	0	1

3 为素数，3 的倍数不是素数

	0	1	2	3	4	5	6	7	8	9	10	11	12
s	1	1	0	0	1	0	1	0	1	1	1	0	1

5 为素数，5 的倍数不是素数

	0	1	2	3	4	5	6	7	8	9	10	11	12
s	1	1	0	0	1	0	1	0	1	1	1	0	1

7 为素数，7 的倍数不是素数

	0	1	2	3	4	5	6	7	8	9	10	11	12
s	1	1	0	0	1	0	1	0	1	1	1	0	1

11 为素数，11 的倍数不是素数

	0	1	2	3	4	5	6	7	8	9	10	11	12
s	1	1	0	0	1	0	1	0	1	1	1	0	1

12 以内的所有素数

图 8-6　n=12 时筛选素数的过程

参考代码如下：

```
#include <stdio.h>
#include <stdlib.h>
int main()
{
    int i,j,n;
    int *s;
    do
    {
        printf("请输入 n 值(n 为正整数)：");
        scanf("%d",&n);
    }while(n<=0);
    s=(int *)calloc(n+1,sizeof(int));
    if(s==NULL)
    {
        printf("动态分配失败！");
        exit(1);
    }
    s[0]=s[1]-1;
    for(i=2;i<=n;i++)
        if(s[i]==0)
            for(j=2*i;j<=n;j=j+i)
                s[j]=1;
    printf("%d 以内的素数有：",n);
    for(i=0;i<=n;i++)
        if(s[i]==0)
            printf("%d\t",i);
    printf("\n");
    free(s);
    return 0;
}
```

程序的运行结果如图 8-7 所示。

图 8-7　程序运行结果

【说明】观察筛选结果，数组中元素值 0 如同"筛眼"一般，将值为素数的下标筛落下来，这就是筛选法的由来。

本 章 小 结

本章主要讲解了 C 语言中编译预处理与动态存储分配的相关知识。编译预处理是指在预处理阶段执行的命令，需要掌握无参宏与有参宏的定义与使用，掌握两种文件包含方式的区别，了解条件编译命令。动态存储分配是指在程序运行过程中对存储空间的动态管理，C 语言提供了库函数 malloc 与 calloc 实现空间的动态分配，库函数 free 实现空间的动态回收。

164

自 测 题

一、单选题

1. 以下叙述中正确的是(　　)。

    A. 预处理命令行必须位于源文件的开头

    B. 在源文件的一行上可以有多条预处理命令

    C. 宏名必须用大写字母表示

    D. 宏替换不占用程序的运行时间

2. 下面选项中关于编译预处理的叙述正确的是(　　)。

    A. 凡是以#开头的行，都被称为编译预处理命令行

    B. 预处理命令行必须使用分号结尾

    C. 预处理命令行不能出现在程序的最后一行

    D. 预处理命令行的作用域是到最近的函数结尾处

3. 以下选项中的编译预处理命令行，正确的是(　　)。

    A. #define int INT   B. ##define eps 0.001

    C. #DEFINE TRUE   D. #define PI 3.14

4. 若程序中有宏定义行: #define N 100，则以下叙述中正确的是(　　)。

    A. 宏定义行中定义了标识符 N 的值为整数 100

    B. 在编译程序对 C 源程序进行预处理时用 100 替换标识符 N

    C. 对 C 源程序进行编译时用 100 替换标识符 N

    D. 在运行时用 100 替换标识符 N

5. sizeof(double)是(　　)。

    A. 一个双精度型表达式   B. 一个整型表达式

    C. 一个不合法的表达式   D. 一种函数调用

6. 若指针 p 已正确定义，要使 p 指向两个连续的整型动态存储单元，不正确的语句是(　　)。

    A. p=2*(int *)malloc(sizeof(int));   B. p=(int *)malloc(2*sizeof(int));

    C. p=(int *)malloc(2*4);   D. p=(int *)calloc(2, sizeof(int));

7. 有以下程序段:

```
int *p;
p=_____malloc(sizeof(int));
```

若要求使 p 指向一个 int 型的动态存储单元，在横线处应填入的是(　　)。

    A. (int *)   B. int   C. int *   D. (* int)

8. 若有语句: void* p=malloc(80)，则以下叙述错误的是(　　)。

    A. p 所指内存可以通过强制类型转换当作具有 80 个 char 型元素的一维数组来使用

    B. p 所指内存可以通过强制类型转换当作具有 20 个 int 型元素的一维数组来使用

    C. p 所指内存可以通过强制类型转换当作具有 10 个 double 型元素的一维数组来使用

D. 可以通过指针 p 直接访问用 malloc 开辟的这块内存

9. 有以下程序:

```
#include <stdio.h>
int main()
{
    char * p1 = 0;
    int * p2 = 0;
    double * p3 = 0;
    printf("%d %d %d\n",sizeof(p1),sizeof(p2),sizeof(p3));
    return 0;
}
```

程序运行后的输出结果是(　　)。

   A. 0 0 0　　　　　　　　B. 1 4 8　　　　　　　　C. 4 4 4　　　　　　　　D. 1 2 4

10. 程序中头文件 type1.h 的内容是:

```
#define N 5
#define M1 N*3
```

程序如下:

```
#include <stdio.h>
#include"type1.h"
#define M2 N*2
int main()
{
    int i;
    i=M1+M2;
    printf("%d\n",i);
    return 0;
}
```

程序编译后运行的输出结果是(　　)。

   A. 10　　　　　　　　　B. 20　　　　　　　　　C. 25　　　　　　　　　D. 30

二、填空题

1. 有以下程序:

```
#include <stdio.h>
#define f(x) x*x*x
int main()
{
    int a=3,s,t;
    s=f(a+1);
    t=f((a+1));
    printf("%d,%d\n",s,t);
    return 0;
}
```

程序运行后的输出结果是_____。

2. 有以下程序:

```c
#include <stdio.h>
#include <stdlib.h>
int fun(int n)
{
    int *p;
    p=(int *)malloc(sizeof(int));
    *p=n;
    return *p;
}
int main()
{
    int a;
    a=fun(10);
    printf("%d\n",a+fun(10));
    return 0;
}
```

程序运行后的输出结果是_____。

3. 以下 for 语句构成的循环执行了_____次。

```c
#include <stdio.h>
#define N 2
#define M N+1
#define NUM (M+1)*M/2
int main()
{
    int i,n=0;
    for(i=1;i<=NUM;i++)
    {
        n++;
        printf("%d ",n);
    }
    printf("\n");
    return 0;
}
```

4. 有以下程序:

```c
#include <stdio.h>
#include <stdlib.h>
void fun(int *p1,int *p2,int *s)
{
    s=(int *)malloc(sizeof(int));
    *s=*p1+*p2;
    free(s);
}
int main()
{
    int a=1,b=40,*q=&a;
    fun(&a,&b,q);
    printf("%d\n",*q);
```

```
    return 0;
}
```

程序运行后的输出结果是_____。

三、编程题

1. 写出带参数的宏定义 MYALPHA(c)，用来判断 c 是否为字母字符，若是为 1，否则为 0。

2. 编写程序，用 malloc 函数开辟动态存储单元，存放从键盘输入的三个整数，按从小到大的顺序输出这三个整数。

第 **9** 章

指针

9.1 变量的地址和指针

计算机内存是用来存储程序和数据的部件，程序中所有的数据都必须放在计算机内存中。内存由很多存储单元组成，每个存储单元都有编号，也就是存储单元的地址。所谓指针，也就是内存的地址。

想要学好指针，就要先从内存地址学起。内存实际上是一个可以存放很多字节数据的内部存储器。每一个存储单元包括 8 位，也就是一个字节。这样多个存储单元线性地排列在一起，就构成了一定大小的存储空间，内存就是由很多个字节所组成的存储单元。

为了让程序能够有效地访问这些内存，计算机为内存中的每一个字节进行编号，从 0 开始依次排列下去，这些编号是连续的，这些为内存所编制的编号称为内存地址。32 位系统的内存编址方式如图 9-1 所示。

计算机中所有的数据都必须放在内存中，不同类型的数据占用的字节数不一样，例如 char 型数据占用 1 个字节，int 型数据占用 4 个字节。如果在程序中定义一个 char 型变量，系统就会为这个变量分配 1 个字节，这个字节对应的内存地址就是该变量的地址；如果在程序中定义一个 int 型变量，系统就会为这个变量分配连续的 4 个字节，尽

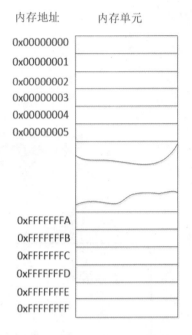

图 9-1　32 位系统的内存编址

管每个字节都有地址，int 型变量的地址却只有一个，即这 4 个字节中的第 1 个字节的地址，也就是说，分配地址的首地址为该变量的地址。变量的地址可以使用"&"符号获取，如"&i"表示变量 i 的地址。

【例 9-1】　输出 char 型变量和 int 型变量的值和地址。

参考代码如下：

```c
#include <stdio.h>
int main()
{
    char c = 'a';
    int i = 3;
    printf("变量c的地址为:%p，值为:%c\n",&c,c);
    printf("变量i的地址为:%p，值为:%d\n",&i,i);
    return 0;
}
```

程序的运行结果如图 9-2 所示。

```
变量c的地址为:0061FF0F，值为:a
变量i的地址为:0061FF08，值为:3
```

图 9-2　程序运行结果

【说明】

①　printf 函数格式控制符"%p"表示输出地址，对应的替换参数为变量的地址"&c"和"&d"，程序中"&"是取地址运算符。

②　变量 c 的内存地址为 0x0061FF0F；变量 i 的内存地址为 0x0061FF08，所占据的内存空间为 0x0061FF08～0x0061FF11 的 4 个字节。

变量的地址使得变量名和其所在的内存空间对应起来，在 C 语言中可以将变量的地址作为一种数据进行处理，这种用于存放地址值的数据类型称为"指针"。

9.2　指针变量

专门用来存放地址的变量称为指针变量。

9.2.1　指针变量的定义与赋值

定义指针变量的语法规则如下：

```
类型标识符 *指针变量名;
```

【说明】

①　"*"为定义指针变量的标志，称为指针说明符，表示定义的是一个指针变量。

②　"类型标识符"表示该指针变量所指向的数据类型。

例如：

```
int *p;
```

表示定义一个存放地址值的指针变量 p，它只能指向一个整型变量。可以给指针 p 赋一个整型变量的地址值，赋值语句如下：

```
int a = 3;
int *pa;
pa = &a;
```

以上语句中定义了整数 a 并赋值 3，再定义一个指向整型变量的指针 pa，并将 a 的地址赋值给 pa，此时指针 pa 指向了变量 a，可以称 pa 为 a 的指针。指针变量也可以在定义的时候进行赋值，上述语句也可以这样写：

```
int a = 3;
int *pa = &a;
```

【说明】

①　指针变量的类型必须与所指向的变量数据类型一致，如指针 pa 只能指向整型变量，这是在定义指针时就已确定的。

②　指针变量只能赋地址值，即 pa=&a 正确，pa=a 则错误。

③　指针之间也可以相互赋值，以下代码中的 p1 和 p2 都指向整型变量 a：

```
int a = 3;
int *p1,*p2;
p1 = &a;
```

```
p2 = p1;
```

【例 9-2】 使用指针保存并输出例 9-1 变量的地址。

参考代码如下:

```
#include <stdio.h>
int main()
{
    char c = 'a';
    int i = 3;
    char *pc = &c;
    int *pi;
    pi = &i;
    printf("变量 c 的地址为:%p\n",pc);
    printf("变量 i 的地址为:%p\n",pi);
    return 0;
}
```

程序的运行结果如图 9-3 所示。

```
变量c的地址为:0061FF07
变量i的地址为:0061FF00
```

图 9-3 程序运行结果

9.2.2 变量的直接访问与间接访问

在 C 语言中,定义一个变量,系统会给这个变量分配一块内存。变量有两个属性:变量值和变量地址。变量地址表示该变量在内存中的存储位置,变量值是这块内存中的内容。要访问这块内存空间上的内容,可以直接使用变量名,这就是直接访问。如果先获取变量的地址,再根据地址读取所存放的内容,这就是间接访问。

【例 9-3】 使用指针访问变量。

参考代码如下:

```
#include <stdio.h>
int main()
{
    int i = 3;
    int *pi;      //使用*定义指针
    pi = &i;
    i++;
    *pi += 2;     //使用*访问地址中的值
    printf("变量 i 的值为(直接访问):%d\n",i);
    printf("变量 i 的值为(间接访问):%d\n",*pi);//使用*访问地址中的值
    return 0;
}
```

程序的运行结果如图 9-4 所示。

```
变量i的值为(直接访问):6
变量i的值为(间接访问):6
```

图 9-4 程序运行结果

【说明】

① C 语言通过"*"运算符得到地址中存储的内容,"*"运算符只能运用于地址变量。

② 在 C 语言中,"*"除了表示乘法外,还有两个作用:定义指针和取地址中的值。

③ 和变量先赋值后使用一样,指针变量先指向后使用,代码中如果没有 "pi = &i;" 指向赋值语句,使用 "*pi" 获取值或者赋值都是错误的。以下代码中指针 p 没有指向,数值 3 无处存放:

```
int *p;
*p = 3;//错误
```

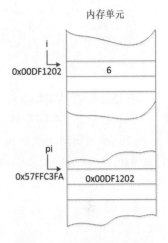

④ 指针 pi 中存放的是变量 i 的地址,在内存中,*pi 和 i 表示的是同一段内存空间,因此通过 "i++;" 改变 i 的值和通过 "*pi += 2;" 改变*pi 的值其实改变的是同一个内容。图 9-5 所示为整型变量 i 和指针变量 pi 的内存存储示意图。

图 9-5 指针变量存储示意图

对于指针运算,&表示获取地址,*表示获取地址里的内容,这两个单目运算符是互逆运算。对于一个变量 i,*(&i)和 i 等价;对于一个指针变量 p,&(*p)和 p 等价。

【例 9-4】 使用&和*运算符输出变量的地址和值。

参考代码如下:

```
#include <stdio.h>
int main()
{
    int i = 3;
    int *pi = &i;
    printf("变量i的地址为:%p,%p,%p\n",&i,pi,&(*pi));
    printf("变量i的值为:%d,%d,%d\n",i,*pi,*(&i));
    return 0;
}
```

程序的运行结果如图 9-6 所示。

```
变量i的地址为:0061FF08,0061FF08,0061FF08
变量i的值为:3,3,3
```

图 9-6 程序运行结果

【例 9-5】 用指针交换两个整数的值。

参考代码如下:

```
#include <stdio.h>
int main()
{
    int a = 3;
    int b = 4;
    int *pa,*pb,*p;
    pa = &a;
```

例 9-5 交换两数的值

```
    pb = &b;
    p = pa;
    pa = pb;
    pb = p;
    printf("a=%d,b=%d\n",*pa,*pb);
    printf("a=%d,b=%d\n",a,b);
    return 0;
}
```

程序的运行结果如图 9-7 所示。

起初指针 pa 指向变量 a, pb 指向变量 b, 通过指针 p 交换了指针 pa 和 pb 的指向, 使得 pa 指向 b, pb 指向 a, 所以*pa 输出的是变量 b 的值, *pb 输出了变量 a 的值, 而变量 a 和变量 b 的值并没有发生改变。若想改变变量 a 和 b 的值, 可以参考如下代码:

```
a=4, b=3
a=3, b=4
```

图 9-7 程序运行结果

```
#include <stdio.h>
int main()
{
    int a = 3;
    int b = 4;
    int *pa,*pb,t;
    pa = &a;
    pb = &b;
    t = *pa;
    *pa = *pb;
    *pb = t;
    printf("a=%d,b=%d\n",*pa,*pb);
    printf("a=%d,b=%d\n",a,b);
    return 0;
}
```

程序的运行结果如图 9-8 所示。

```
a=4, b=3
a=4, b=3
```

图 9-8 程序运行结果

9.3 指针与一维数组

我们已经知道, 数组包括若干元素, 在内存中连续存放, 因此每个元素的地址也是连续的。由于每个元素所需的空间是确定的, 因此数组第一个元素的地址最为重要, 第一个元素的地址称为数组的首地址, 可以定义指针指向数组的首地址。

在 C 语言中, 数组名代表了数组的首地址, 因此数组名本身就是一个指针, 但数组名指针不能被赋值重新指向。例如:

```
int a[10];
int *p;
p = &a[0];    //等同于 p = a;
```

将数组的第一个元素 a[0]的地址赋值给指针 p, 让指针 p 指向数组的 a[0]元素, 就意味着指向了数组 a, 而数组变量名 a 本身就代表了数组的首地址, 因此 p=&a[0]和 p=a 是等价的。

指针不仅可以指向数组的首地址, 也可以指向数组中的任意元素。例如:

```
int a[10]={0};
```

```
int *p;
p = &a[2];
*p = 5;
```

指针 p 指向数组的第 3 个元素,并将该元素值赋值为 5。

数组名 a 表示数组首地址,也是数组第一个元素的地址,那么*a 表示数组第一个元素值,a+1 表示数组第二个元素的地址,*(a+1)表示数组第二个元素值,以此类推,a+i 表示数组第 i+1 个元素的地址,*(a+i)表示第 i+1 个元素值。

【例 9-6】 使用数组名作为指针变量访问数组内容。

参考代码如下:

```
#include <stdio.h>
int main()
{
    int i;
    int a[10];
    for(i=0;i<10;i++)
        *(a+i) = i;
    for(i=0;i<10;i++)
        printf("%d ",*(a+i));
    return 0;
}
```

程序的运行结果如图 9-9 所示。

$$0\ 1\ 2\ 3\ 4\ 5\ 6\ 7\ 8\ 9$$

图 9-9 程序运行结果

整型数组中的每个元素占 4 个字节,a+1 实际上代表的地址是 a 的值再加上 4,使得 a+1 指向了元素 a[1];如果 a 是 double 型的数组,a+1 的地址实际上是 a 的地址再加上 8。图 9-10 表示了整型数组的地址与元素。

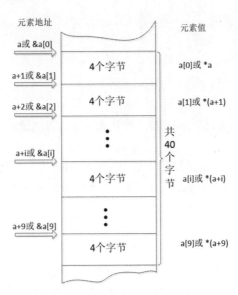

图 9-10 整型数组的地址与元素

如果使用指针变量 p 指向数组 a，那么 p+i 和 a+i 一样表示第 i+1 个数组元素的地址，*(p+i)表示第 i+1 个元素的值。所不同的是，数组名 a 所代表的地址不能被重新赋值指向其他元素，而指针 p 可以任意赋值，指向别的元素，比如 p 指向数组 a，p++后 p 指向的是数组的下一个元素，而 a++是错误的。

【例 9-7】 从键盘输入 5 个正整数保存到数组中，使用指针变量 p 输出其中的最大值、最小值和平均值。

参考代码如下：

```
#include <stdio.h>
int main()
{
    int i;
    int a[5];
    int max,min,sum;
    int *p = a;
    printf("请输入 5 个整数：\n");
    for(i=0;i<5;i++)
        scanf("%d",p+i);
    printf("输入的数是：\n");
    for(i=0;i<5;i++)
        printf("%d ",*(p+i));
    max=min=sum=*p;
    for(i=1;i<5;i++)
    {
        p++;
        sum += *p;
        if(*p<min)
            min = *p;
        if(*p>max)
            max = *p;
    }
    printf("\n 最大值为：%d\n 最小值为：%d\n 平均值为:%lf",max,min,sum/5.0);
    return 0;
}
```

程序的运行结果如图 9-11 所示。

【说明】

① 在 scanf 语句中，表达式 p+i 本身就代表了 a[i]的地址，不能再使用&取地址。

② 表达式*(p+i)使用*对地址取值，它代表了 a[i]的值。

③ 表达式 p++使得指针 p 指向数组的下一个元素，p++是一种很常见的表达方式，常用于循环体中。

图 9-11　程序运行结果

④ p++使指针 p 的指向后移一个元素，p--使指针 p 的指向前移一个元素。

⑤ 对于表达式*p++，因为单目运算符++和*的优先级相同，结合顺序自右向左，所以先执行 p++，后执行*运算符，表达式*p++相当于*(p++)，即 p 先后移，再对地址取值。

⑥ 注意*p++和(*p)++的区别，*p++等同于*(p++)，自增的是地址，而(*p)++取到值后

再自增，自增的是值。

【例 9-8】　使用前后两个指针将整型数组反置。

【题目分析】根据题意需要定义两个指针变量，一个指向数组的头部，另一个指向数组的尾部，头部指针 p 不断后移的同时尾部指针 q 不断前移，将指针 p 和 q 对应的值进行交换，直到 p 和 q 相碰为止。参考代码如下：

例 9-8 数组反置

```c
#include <stdio.h>
int main()
{
    int i;
    int t;
    int a[10];
    int *p,*q;
    p = q = a;//指针 p 指向数组头
    for(i=0;i<10-1;i++)//指针 q 指向数组尾，或者使用 q+=10-1 代替循环后移
        q++;
    for(i=0;i<10;i++)
        *(p+i) = i;
    printf("原数组为：\n");
    for(i=0;i<10;i++)
        printf("%d ",*(p+i));
    while(p<q)
    {
        t = *p;
        *p = *q;
        *q = t;
        p++;
        q--;
    }
    printf("\n 反置后的数组为：\n");
    p = a;
    for(i=0;i<10;i++)
        printf("%d ",*(p+i));
    return 0;
}
```

程序的运行结果如图 9-12 所示。

【说明】若两个指针变量 p、q 指向同一个数组中的元素，p 和 q 就有大小之别，后面的地址比前面的大，指向同一个元素则相等，两者之差表示间隔的元素个数；若不指向同一个数组，地址的大小没有任何意义。

图 9-12　程序运行结果

9.4　指针与二维数组

前面介绍过，二维数组虽然在概念上是二维的，但在内存中却是连续存放的。也就是说，二维数组的各个元素在内存中以"行优先"的方式连续存放。二维数组在内存的组织形式和一维数组是一样的，因此 m 行 n 列的二维数组可以当作长度为 m*n 的一维数组来

处理。

【例 9-9】 使用指针变量输出二维数组元素的地址和值。

参考代码如下:

```c
#include <stdio.h>
int main()
{
    int i;
    int a[2][3]={1,2,3,4,5,6};
    int *p = &a[0][0];
    for(i=0;i<6;i++)
    {
        printf("%p: %d\n",p,*p);
        p++;
    }
    return 0;
}
```

程序的运行结果如图 9-13 所示。

二维数组的每一行可以看作一个一维数组。例如二维数组
a[2][3],有 6 个元素。第一行可以看作一个长度为 3 的一维数组,
元素分别为 a[0][0]、a[0][1]、a[0][2] ,该一维数组名为 a[0];第 2
行也是一个长度为 3 的一维数组,元素分别为 a[1][0] 、a[1][1] 、
a[1][2],数组名为 a[1]。也就是说,二维数组 a[2][3]包含 2 个名为
a[0]、a[1]的长度为 3 的一维数组。

图 9-13　程序运行结果

【例 9-10】 使用数组名作为指针输出二维数组的元素值。

参考代码如下:

```c
#include <stdio.h>
int main()
{
    int i,j;
    int a[2][3]={1,2,3,4,5,6};
    printf("========方法 1=========\n");
    for(i=0;i<2;i++)
    {
        for(j=0;j<3;j++)
        {
            printf("%d\t",*(a[i]+j));
        }
        printf("\n");
    }
    printf("========方法 2=========\n");
    for(i=0;i<2;i++)
    {
        for(j=0;j<3;j++)
        {
            printf("%d\t",*(*(a+i)+j));
        }
```

```
        printf("\n");
    }
    return 0;
}
```

程序的运行结果如图 9-14 所示。

【说明】

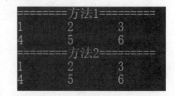

图 9-14　程序运行结果

① 在方法 1 中，a[i]表示第 i 行的首地址，a[i]+j 表示第 i 行 j 列的地址，等价于&a[i][j]，*(a[i]+j)表示第 i 行 j 列的值，等价于 a[i][j]。

② 在方法 2 中，二维数组 a 相当于包含了 2 个一维数组的一维数组，*(a+i)表示第 i 个一维数组，等价于 a[i]，*(*(a+i)+j)则等价于*(a[i]+j)，也等价于 a[i][j]。

二维数组名 a 是首地址，它是一个指针，指向第一行的首地址，指向了首行一整行，并不是指某个具体元素，称之为"行指针"。a+1 也是行指针，指向第 2 行。

光有行指针是不能对列元素进行访问的，还需要列指针。对于 a[0]，它是这个二维数组的首地址，也是第一行的首地址，而 a[0]+1 指向了第一行的下一列元素。也就是说，a[0]指针方向是指向列的方向，称之为"列指针"。同理，a[1]也是列指针。

判断一个指针是行指针还是列指针的方法是：指针+1 后指向下一行的是行指针，指针+1 后指向下一列的则是列指针。二维数组 a 的行指针、列指针和取值如表 9-1 所示。

表 9-1　二维数组 a 的行指针、列指针和数值表

类　型	表 达 式	含　义	运　算
行地址	a	二维数组名	a++，移到下一行
行地址	&a[i]	一维数组 a[0]的地址，也是二维数组元素 a[i][0]的地址	&a[i]+1，移到下一行
行地址	a+i	等价于&a[i]	a+i+1，移到第一行
列地址	*a	a[0][0]的地址	*a+j，移到第 j 列，即从 a[0][0] 移到 a[0][j]
列地址	a[i]	第 i 行的数组名	a[i]+j，移到第 j 列
列地址	*(a+i)	等价于 a[i]	*(a+i)+j，移到第 j 列
列地址	&a[i][j]	元素 a[i][j]的地址	&a[i][j]+1，移到下一列
取值	a[i][j]	元素 a[i][j]的值	a[i][j]=1，设置元素值为 1
取值	*(a[i]+j)	等价于 a[i][j]	*(a[i]+j)=1，设置元素值为 1
取值	*(*(a+i)+j)	等价于 a[i][j]	*(*(a+i)+j)=1，设置元素值为 1

【例 9-11】　使用行指针和列指针输出二维数组的元素值。

参考代码如下：

```
#include <stdio.h>
int main()
{
    int i,j;
```

```c
int a[2][3]={1,2,3,4,5,6};
int *p=a[0];       //列指针
int (*q)[3] = a; //行指针
printf("========方法 3=========\n");
for(i=0;i<2;i++)
{
    p = a[i];
    for(j=0;j<3;j++)
    {
        printf("%d\t",*(p+j));
    }
    printf("\n");
}
printf("========方法 4=========\n");
for(i=0;i<2;i++)
{
    for(j=0;j<3;j++)
    {
        printf("%d\t",*(*(q+i)+j));
    }
    printf("\n");
}
printf("========方法 5=========\n");
for(i=0;i<2;i++)
{
    for(j=0;j<3;j++)
    {
        printf("%d\t",*(*q+j));
    }
    q++;
    printf("\n");
}
return 0;
}
```

程序的运行结果如图 9-15 所示。

【说明】

① 在方法 3 中,指针变量 p 是个列指针,指向 a[i]行,p+j 表示第 i 行第 j 列的地址,*(p+j)表示 a[i][j]元素值。

② 在方法 4 中,定义行指针(*q)[3],这是一个指针,指向一个存放了三个 int 数据的数组,q+i 表示第 i 行,*(q+i)等价于 a[i],而*(*(q+i)+j)等价于 a[i][j]。

③ 在方法 5 中,q++表示不断下移一行,*q 表示某一行,*q+j 表示该行第 j 列的地址,*(*q+j)表示该行第 j 列的值。

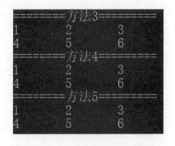

图 9-15 程序运行结果

注意 int *q[3]和 int (*q)[3]的区别:int *q[3]中[]比*的优先级高,形成数组的形式,这是一个长度为 3 的数组,数组里存放了三个指向 int 类型数据的指针,这种数组称为指针数组。int (*q)[3]是一个指针,指向一个长度为 3 的 int 数据类型的数组,这是指向数组的指针,称为数组指针。

9.5　指针与函数

9.5.1　函数值传递和地址传递

在 C 语言中，函数的参数不仅可以是整数、小数、字符等具体的数据，还可以是指向它们的指针。用指针变量作函数参数，可以将函数外部的地址传递到函数内部，使得在函数内部可以操作函数外部的数据，并且这些数据不会随着函数的结束而被销毁。

函数间传递的是整数、小数、字符等具体的数据，称为值传递；若函数间传递的是地址，称为地址传递或者指针传递。

【例 9-12】　分别使用值传递和地址传递编写函数 swap，实现两个整数的交换，并在主函数中调用，测试函数完成情况。

参考代码如下：

```c
#include <stdio.h>
void swap1(int,int);
void swap2(int *,int *);
int main()
{
    int a = 3;
    int b = 5;
    swap1(a,b);
    printf("值传递交换后\na=%d,b=%d\n",a,b);
    swap2(&a,&b);
    printf("地址传递交换后\na=%d,b=%d\n",a,b);
    return 0;
}
//使用值传递交换两个数的值
void swap1(int a,int b)
{
    int t;
    t = a;
    a = b;
    b = t;
}
//使用地址传递交换两个数的值
void swap2(int *a,int *b)
{
    int t;
    t = *a;
    *a = *b;
    *b = t;
}
```

例 9-12 使用函数实现两数交换

程序的运行结果如图 9-16 所示。

【说明】

①　如图 9-17 所示，main 函数中的变量 a 和 b 是局部变量，只在 main 函数中有效，同理，swap1 中的变量 a 和 b 只在 swap1 函数中有效，这两个函数中的变量虽然变量名一样，实质上在内存中

```
值传递交换后
a=3,b=5
地址传递交换后
a=5,b=3
```

图 9-16　程序运行结果

占据着不同的位置，是毫不相干的变量，只是起了相同的名字而已。

② main 函数调用 swap1 函数时将形参 a 的值赋给 swap1 中的实参 a，赋值后这两个变量不再有任何关联，参数 b 传值情况也是如此，之后 swap1 函数中变量 a 和变量 b 的值无论如何变化都无法改变调用者 main 函数中变量 a 和 b 的值，所以 main 函数调用 swap1 函数后并不能交换 a 和 b 的值。

③ main 函数调用 swap2 函数传递了两个地址，使得 swap2 函数中的两个指针变量 a 和 b 指向了 main 函数中的变量 a 和 b，如图 9-18 所示，swap2 中的*a 和 main 函数中的变量 a 是同一个数，改变 swap2 中的*a 的值和改变 main 函数中变量 a 的值作用是等价的，所以 swap2 中交换*a 和*b 的值相当于交换 main 函数中 a 和 b 的值。

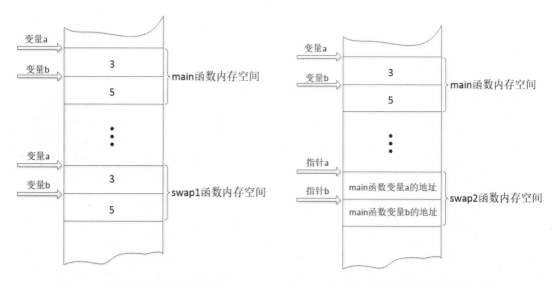

图 9-17　值传递变量内存示意图　　　　图 9-18　地址传递变量内存示意图

【例 9-13】 编写函数，计算圆的周长和面积，并在主函数中调用。

【题目分析】若函数计算后只需返回一个值，可以通过函数的返回值返回；如果需要返回多个值，则可以通过地址传递的方式获取被调用函数的多个计算结果。本题函数传递 3 个参数，第 1 个参数传递半径值，第 2 个和第 3 个参数传递地址获取计算结果，参考代码如下：

```c
#include <stdio.h>
#define PI 3.14
void calculate(double ,double *,double *);
int main()
{
    double r;
    double p,s;
    printf("请输入圆的半径\n");
    scanf("%lf",&r);
    calCulate(r,&p,&s);
    printf("圆的周长为：%lf\n 面积为：%lf\n",p,s);
    return 0;
}
```

```
//计算圆的周长和面积
void calculate(double r,double *p,double *s)
{
    *p = PI*r*2;
    *s = PI*r*r;
}
```

程序的运行结果如图 9-19 所示。

```
请输入圆的半径
10
圆的周长为: 62.800000
面积为: 314.000000
```

图 9-19 程序运行结果

【例 9-14】 编写函数,实现一维数组的反置,在主函数中调用并输出反置前后的数组内容。

【题目分析】反置前和反置后都要输出数组内容,相同功能的代码需要写两次,为了减少代码重复编写,可以将输出一维数组内容写成函数供主函数调用(一般重复功能的代码都应该独立出来写成函数调用)。参考代码如下:

```
#include <stdio.h>
void reverse(int [],int);
void printArray(int *,int n);
int main()
{
    int i;
    int a[100];
    int n;
    printf("请输入整数个数(不多于 100 个):\n");
    scanf("%d",&n);
    printf("请输入%d 个整数:\n",n);
    for(i=0;i<n;i++)
        scanf("%d",a+i);
    printf("反置前的数组为:\n");
    printArray(a,n);
    reverse(a,n);
    printf("反置后的数组为:\n");
    printArray(a,n);
    return 0;
}
//一维数组的反置
void reverse(int a[],int n)
{
    int i,t;
    for(i=0;i<n/2;i++)
    {
        t = a[i];
        a[i] = a[n-1-i];
        a[n-1-i] = t;
    }
```

```
}
//输出一维数组
void printArray(int *a,int n)
{
    int i;
    for(i=0;i<n;i++)
    {
        printf("%d ",*(a+i));
    }
    printf("\n");
}
```

程序的运行结果如图 9-20 所示。

图 9-20　程序运行结果

【说明】

①　一维数组名代表了数组的首地址,函数间传递数组实际传的是地址,因此数组传递是一种地址传递。main 函数调用 reverse 函数时,将数组 a 的地址传给了 reverse 中的数组 a,这两个数组名指向的是同一段内存,改变的是同一个数组。

②　定义函数时的参数 a[]和*a 效果是等价的,都表示函数接收一个地址。

9.5.2　返回指针的函数

C 语言允许函数的返回值是一个指针(即地址值),这样的函数称为指针函数。
指针函数的一般形式为:

数据类型 * 函数名(参数列表)

指针函数比一般的函数多了一个"*",表示函数返回值是一个指针,"数据类型"表示函数返回的指针所指向的值的数据类型。

【例 9-15】　编写指针函数,返回两个数中的较大值,并在主函数中测试结果。

```
#include <stdio.h>
int * getMax(int *,int *);
int main()
{
    int a,b;
    printf("请输入两个整数: \n");
    scanf("%d%d",&a,&b);
    int *max;
    max = getMax(&a,&b);
    printf("较大的数为: %d",*max);
```

```
        return 0;
}
int * getMax(int *a,int *b)
{
        if(*a>*b)
                return a;
        else
                return b;
}
```

程序的运行结果如图 9-21 所示。

【说明】

① 指针函数的返回值是地址，返回的地址使用方法和普通指
针变量是一样的，"max = getMax(&a,&b)" 表示调用 getMax 函数
时传入两个地址，返回较大值的地址，并将返回的地址值赋值给指
针变量 max。

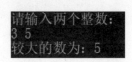

图 9-21　程序运行结果

② 指针函数返回的地址不能是函数内部局部变量的地址，否则函数被调用后的局部
变量已经被释放，返回的地址已经是失效的地址。例如，以下指针函数是错误的：

```
//返回较大值的地址
int * getMax(int a,int b)
{
        if(a>b)
                return &a;
        else
                return &b;
}
```

【例 9-16】 编写函数，返回数组中最大值的地址，并在主函数中测试结果。

【题目分析】编写一个指针函数返回地址，函数传入一个数组，通过循环遍历找到最
大值所在的地址，最后作为函数值返回。传入的数组是地址传递，不属于局部变量，可以
返回元素的地址值。参考代码如下：

```
#include <stdio.h>
int * getMax(int *,int);
int main()
{
        int i;          //循环变量
        int n;          //整数个数
        int a[100];   //整数数组
        int *max;     //最大值地址
        printf("请输入整数个数：\n");
        scanf("%d",&n);
        printf("请输入%d 个整数：\n",n);
        for(i=0;i<n;i++)
                scanf("%d",a+i);
        max = getMax(a,n);
        printf("最大的数为：%d",*max);
        return 0;
}
```

```
//返回数组 a 最大值的地址
int * getMax(int *a,int n)
{
    int i;
    int *max = a;
    for(i=1;i<n;i++)
    {
        if(*(a+i)>*max)
            max = a+i;
    }
    return max;
}
```

程序的运行结果如图 9-22 所示。

图 9-22　程序运行结果

9.6　指针实例

数组名表示数组的首地址，可以作为指针在函数中进行传递，因此数组、指针和函数的结合应用非常广泛，学习者应该做到灵活使用。

9.6.1　一维数组、指针与函数传值实例

在 C 语言中，当一维数组作函数参数时，编译器总是把它解析成一个指向其首元素的指针，实际传递的数组大小与函数形参指定的数组大小没有关系，所以，一般情况下，一维数组传递参数时除了要传递数组，还需要传递一个表示数组长度的整型变量。

【例 9-17】 编写函数，统计数组中不及格的人数，并在主函数中调用函数，数组中的值从键盘输入。

【题目分析】本题可以分解为两个任务，即从键盘获取一组成绩和统计不及格人数，分别编写函数供主函数调用。参考代码如下：

```
#include <stdio.h>
int inputArray(double []);
int calculte(double *,int);
int main()
{
    double a[100];
    int n;
    int count;
    n = inputArray(a);
    count = calculte(a,n);
    printf("不及格的人数为：%d\n",count);
```

```
    return 0;
}
//输入数组元素
int inputArray(double a[])
{
    int i;
    int n;
    printf("输入学生个数(小于100)：\n");
    scanf("%d",&n);
    printf("请输入学生成绩，使用空格隔开：\n",n);
    for(i=0;i<n;i++)
        scanf("%lf",a+i);
    return n;
}
//返回不及格人数
int calculte(double *a,int n)
{
    int i;
    int count = 0;
    for(i=0;i<n;i++)
    {
        if(*(a+i)<60)
            count++;
    }
    return count;
}
```

程序的运行结果如图 9-23 所示。

图 9-23　程序运行结果

【说明】

①　在函数的形参中定义一维数组时，可以使用数组形式，也可以使用指针形式，即"double a[]"或"double *a"，这两种写法是等价的，也可写上长度"double a[100]"，但是因写上长度没有任何意义，因此最好省掉不写。

②　通过 inputArray 函数输入数组元素，元素的个数通过函数的返回值返回；calculte 函数使用数组时需要传入两个参数：数组名和数组的长度。

【例 9-18】　使用指针编写函数，实现以下功能并在主函数中调用：从键盘输入若干从小到大的整数，再输入一个要插入的整数，使所有数据依然保持有序状态。

【题目分析】第 6 章中使用数组完成了有序数组元素的插入，本章使用函数间传递指针的方式完成此功能。将功能独立的模块单独写成函数供使用者调用可以使得程序更加清晰合理，在平时编写程序过程中应当尽量将功能代码写成函数形式，通过功能模块化提升代码的可读性和可维护性。参考代码如下：

```
#include <stdio.h>
int inputArray(int *);
int insert(int *,int ,int);
void printArray(int *,int);
int main()
{
    int a[100];
    int n = inputArray(a);
    //待插入的数
    int num;
    printf("输入要插入的整数: \n",n);
    scanf("%d",&num);
    n = insert(a,n,num);
    printf("插入后的数组是: \n",n);
    printArray(a,n);
    return 0;
}
//输入数组元素
int inputArray(int *a)
{
    int i;
    int n;
    printf("输入数据个数(小于100): \n");
    scanf("%d",&n);
    printf("输入递增的%d个整数，使用空格隔开: \n",n);
    for(i=0;i<n;i++)
        scanf("%d",a+i);
    return n;
}
//在长度为n的有序数组中插入元素num
int insert(int *a,int n,int num)
{
    int *p, *q;
    //定位
    for(p=a;p<a+n;p++)
    {
        if (*p > num)
        {
            q = p;      //记录要插入的位置
            break;      //结束循环
        }
    }
    //如果定位不成功
    if(p==a+n)
        q = a+n;
    //从后向前依次后移
    for (p=a+n; p>=q;p--)
    {
        *p = *(p-1);
```

```
    }
    //插入
    *q = num;
    //长度+1
    n++;
    return n;
}
//输出长度为 n 的一维数组
void printArray(int *a,int n)
{
    int i;
    for(i=0;i<n;i++)
        printf("%d ",a[i]);
}
```

程序的运行结果如图 9-24 所示。

图 9-24　程序运行结果

【说明】

①　上述核心的内容为 insert 函数，思路和第 6 章一样分为 4 步——定位、后移、插入、长度加 1。将元素的数组形式转换为指针形式，定义指针 p 和 q，使用指针 p 遍历数组，指针 q 指向要插入的位置，将 "a[i]" 写成 "*p" 和 "p++"，"*q" 为要插入的值。

②　本题在定位时务必要考虑两种极端情况，即插入的数比第一个数小和插入的数比最后一个数大。对于第一种情况，第一次循环时 "*p>num" 就成立，q 指向数组的首地址，符合要求；对于第二种情况，直到循环结束 "*p>num" 也没有成立，q 没有指向，所以对于第二种情况需要单独处理，即将 q 直接指向数组的后面。

9.6.2　二维数组、指针与函数传值实例

二维数组当作参数的时候，必须指明第二维数大小，第一维数大小可以省略。例如，以下函数声明中前两行是正确的，第 3 行和第 4 行是错误的，也可以如第 5 行使用数组指针的方式传递二维数组参数：

```
void fun(int a[3][10]);
void fun(int a[][10]);
void fun(int a[3][]); //错误
void fun(int a[][]);  //错误
void fun(int (*a)[10]);
```

【例 9-19】　编写函数，使用指针实现二维数组的转置，并在主函数中调用该函数。

参考代码如下:

```c
#include <stdio.h>
#include <stdlib.h>
void generate(int [10][10], int);
void transpose(int [][10], int);
void printArray(int (*)[10], int);
int main()
{
    int a[10][10];
    generate(a,10);
    printf("===============转置前=================\n");
    printArray(a,10);
    transpose(a, 10);
    printf("===============转置后=================\n");
    printArray(a,10);
    return 0;
}
//随机生成二维数组元素
void generate(int a[10][10], int n)
{
    int i,j;
    for(i=0;i<n;i++)
    {
        for(j=0;j<10;j++)
        {
            a[i][j] = rand()%101;
        }
    }
}
//二维数组转置
void transpose(int a[][10], int n)
{
    int i,j;
    int temp;
    for(i=0;i<n;i++)
    {
        for(j=0;j<i;j++)   //j<i 重要
        {
            temp = *(*(a+i)+j);
            *(*(a+i)+j)=*(*(a+j)+i);
            *(*(a+j)+i)=temp;
        }
    }
}
//输出二维数组
void printArray(int (*a)[10], int n)
{
    for(int i=0; i<n; i++)
```

例9-19二维数组转置

```
    {
        for(int j=0; j<10; j++)
        {
            printf("%4d", *(*(a+i)+j));
        }
        printf("\n");
    }
}
```

程序的运行结果如图 9-25 所示。

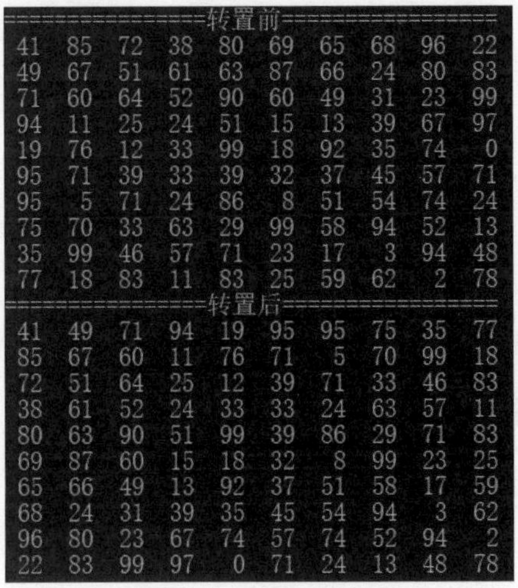

图 9-25　程序运行结果

9.6.3　选择排序法

排序是程序设计中最经典的基础算法之一，排序的方法有很多，第 6 章介绍了冒泡排序，本节将介绍选择排序。

该算法的实现思想如下。

(1) 对于有 n 个元素的无序数组，遍历 n-1 次。

(2) 第 1 次从数组的第 1 个元素开始，找出后面元素的最小值，如果第 1 个数不是最小值，则将最小值和第 1 个元素交换。

(3) 以此类推，第 i 次从数组的第 i 个元素开始，找出后面元素的最小值，如果第 i 个数不是最小值，则将最小值和第 i 个元素交换。

(4) 经过 n-1 次交换后，无序数组变为由小到大的有序数组。

下面以 5 个整数的从小到大选择排序进行说明。数组如下：

```
int a[5] = {5,2,7,1,3};
```

第 1 次找所有数的最小值 1，和 5 交换；第 2 次从第 2 个数开始找到最小值，最小值就是第 2 个数，不用交换；第 3 次从第 3 个数开始找到最小值 3，和第 3 个数交换；直到剩下最后一个数结束，过程如图 9-26 所示。

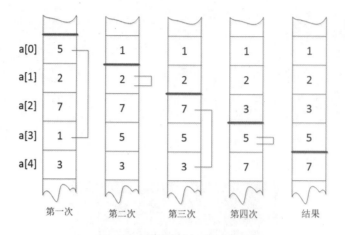

a[0] | 5 | 1 | 1 | 1 | 1
a[1] | 2 | 2 | 2 | 2 | 2
a[2] | 7 | 7 | 7 | 3 | 3
a[3] | 1 | 5 | 5 | 5 | 5
a[4] | 3 | 3 | 3 | 7 | 7

第一次　　　第二次　　　第三次　　　第四次　　　结果

图 9-26　选择排序法执行过程

【**例 9-20**】 随机产生 10 个 0～100 的整数，使用选择排序法从小到大排序后输出。

参考代码如下：

```c
#include <stdio.h>
#include <stdlib.h>
void generate(int *, int);
void sort(int *, int);
void printArray(int *, int);
int main()
{
    int a[10];
    generate(a,10);
    printf("排序前：\n");
    printArray(a,10);
    sort(a,10);
    printf("\n排序后：\n");
    printArray(a,10);
    return 0;
}
//随机生成长度为 n 的一维数组元素
void generate(int *a, int n)
{
    int i;
    for(i=0;i<n;i++)
    {
        a[i] = rand()%101;
    }
}
//选择排序
void sort(int *a, int n)
{
    int i,j;
    int index;
    int temp;
    for(i=0;i<n-1;i++)
    {
```

```
        index = i;
        //找最小值的下标
        for(j=i+1;j<n;j++)
        {
            if (*(a+index) > *(a+j))
            {
                index = j;
            }
        }
        //交换
        if(index != i)
        {
            temp = *(a+index);
            *(a+index) = *(a+i);
            *(a+i) = temp;
        }
    }
}
//输出长度为 n 的一维数组
void printArray(int *a, int n)
{
    int i;
    for(i=0;i<n;i++)
    {
        printf("%4d", *(a+i));
    }
}
```

程序的运行结果如图 9-27 所示。

```
排序前:
    41   85   72   38   80   69   65   68   96   22
排序后:
    22   38   41   65   68   69   72   80   85   96
```

图 9-27　程序运行结果

【说明】

①　程序中访问数组元素使用了指针表达式 "*(a+index)"，该表达式和 "a[index]" 等价，选择哪种表达式取决于项目要求和个人习惯，一般使用后者较多。

②　如果是从大到小排序，只需改变交换的判断条件，即将 "*(a+index)>*(a+j)" 改为 "*(a+index)<*(a+j)"。

本 章 小 结

本章主要讲解了 C 语言指针的相关知识，学习内容包括内存地址和变量的地址、指针变量、数据的直接访问和间接访问、指针与一维数组、指针与二维数组、函数间地址传值、返回指针的函数，最后介绍了第二种数组元素的排序方法——选择排序法。

指针是 C 语言的重要特色，也是 C 语言的精华所在，同时也是 C 语言的难点，因此，掌握指针的使用方法，对于学习 C 语言非常重要。初学者在学习和使用时要深入理解其概念和本质，多思考、多上机练习。

自 测 题

一、单选题

1. 变量的指针，其含义是指该变量的(　　)。
  A. 变量值   B. 内存地址   C. 变量名   D. 别名

2. 设已有定义: float x，则以下对指针变量 p 进行定义且赋初值的语句中正确的是(　　)。
  A. int *p=(float)x; B. float *p=&x;   C. float p = &x; D. float *p = 1024;

3. 若有说明: int a=2, *p=&a, *q=p，则以下非法的赋值语句是(　　)。
  A. p=q   B. *p=*q;   C. a=*q;   D. q=a;

4. 若有说明: int *p,m=5,n，以下程序段正确的是(　　)。
  A. p=&n ; scanf("%d" ,&p);   B. p = &n ; scanf(" %d",*p);
  C. scanf("%d",&n); *p=n ;   D. p = &n ; *p = m ;

5. 以下选项中，对指针变量 p 正确的操作是(　　)。
  A. int a[5],*p; p=&a;   B. int a[5],*p; p=a[0];
  C. int a[5],*p; p=&a[0];   D. int a[5],*p; p=*a;

6. 若有说明语句: int a,b,c,*d=&，则能正确从键盘读入三个整数分别赋给变量 a,b,c 的语句是(　　)。
  A. scanf("%d%d%d",&a,&b,d);   B. scanf("%d%d%d",a,b,d);
  C. scanf("%d%d%d",&a,&b,&d);   D. scanf("%d%d%d",a,b,*d);

7. 若有说明语句: int a[3],*b=a，以下不能正确从键盘读入三个整数存入数组的语句是(　　)。
  A. scanf("%d%d%d",a,a+1,a+2);   B. scanf("%d%d%d",b,b+1,b+2);
  C. scanf("%d%d%d",a[0],b[1],b[2]); D. scanf("%d%d%d",&a[0],&b[1],&b[2]);

8. 若有说明语句: int a[3]={1,2,3},*b=a，以下不能正确输出数组内容的语句是(　　)。
  A. printf("%d%d%d\n",a[0],a[1],a[2]); B. printf("%d%d%d\n",b[0],b[1],b[2]);
  C. printf("%d%d%d\n",a,b+1,b+2);   D. printf("%d%d%d\n",*a,*(b+1),*(b+2));

9. 若有以下定义: int x[10],*p=x，则对 x 数组元素的正确引用是(　　)。
  A. p+1   B. *&a[10]   C. *(p+10)   D. *(x+3)

10. 若已定义: char s[10]，则在下面表达式中不表示 s[1]的地址是(　　)。
  A. s+1   B. s++   C. &s[0]+1   D. &s[1]

11. 若有定义: int a[5],*p=a，则对 a 数组元素的正确引用是(　　)。
  A. *&a[5]   B. a+2   C. *(p+5)   D. *(a+2)

12. 若有定义: int a[2][3]，则对 a 数组的第 i 行第 j 列元素值的正确引用是(　　)。
  A. *(*(a+i)+j) B. (a+i)[j]   C. *(a+i+j)   D. *(a+i)+j

13. 若有程序段: int a[2][3],(*p)[3]; p=a，则对 a 数组元素的正确引用是(　　)。
  A. (p+1)[0]   B. *(*(p+2)+1)   C. *(p[1]+1) D. p[1]+2

二、填空题

1. 有以下程序：

```c
#include <stdio.h>
int main()
{
    int m=1,n=2,*p=&m,*q=&n,*r;
    r=p;p=q;q=r;
    printf("%d,%d,%d,%d\n",m,n,*p,*q);
    return 0;
}
```

程序运行后输出的结果为_____。

2. 有以下程序：

```c
#include <stdio.h>
void fun(char *c,int d)
{
    *c += 1;
    d += 1;
    printf("%c,%c,",*c,d);
}
int main()
{
    char b='a',a='A';
    fun(&b,a);
    printf("%c,%c\n",b,a);
    return 0;
}
```

程序运行后输出的结果为_____。

3. 有以下程序：

```c
#include <stdio.h>
int main()
{
    int a[]={2,4,6,8,10,12,14,16,18,20,22,24},*q[4],k;
    for (k=0; k<4; k++)
        q[k]=&a[k*3];
    printf("%d\n" ,*(q[3]));
    return 0;
}
```

程序运行后输出的结果为_____。

4. 有以下程序：

```c
#include <stdio.h>
void f(int *p,int *q)
{
    p++;
    (*q)++;
}
```

```
int main()
{
    int a=1,b=2;
    int *p=&a;
    f(p,&b);
    printf("%d,%d",a,b);
}
```

程序运行后输出的结果为_____。

三、编程题

1. 定义一个整型数组，使用指针法从键盘输入数据、逆序排序、输出变化前后的数组元素。

2. 定义一个函数，使用指针实现数组元素的反置并在主函数中调用。

3. 使用指针法实现十进制整数转换为八进制。

4. 使用指针法完成第 6 章数组的练习编程题。

第 10 章

字符串

本章要点

◎ 字符串的输入与输出

◎ 字符串的常见操作

◎ 字符串数组的常见操作

学习目标

◎ 掌握字符串与字符数组的关系与区别

◎ 掌握字符串的初始化方法

◎ 掌握字符串的输入与输出方法

◎ 掌握字符串指针的使用方法

◎ 掌握字符串常用处理函数

◎ 掌握字符串数组的使用方法

10.1 字符串的定义与初始化

字符串是由数字、字母、下划线组成的一串字符。字符串是一种非常重要的数据类型，但是 C 语言不存在专门的字符串类型，C 语言中的字符串都以字符串常量的形式出现或存储在字符数组中。同时，C 语言提供了一系列库函数来操作字符串，这些库函数都包含在头文件 string.h 中。

1. 字符串常量

在 C 语言中，字符串常量是以字符 '\0' 结尾的 0 个或多个字符组成的序列。字符串常量是不可被修改的，一般用一对双引号括起来的一串字符来表示字符串常量，如"Hello!""123""abc\n""你好"。

字符串常量可以为空，如 " " 就是一个空的字符串常量，但是即使为空，也存在字符串终止符 '\0'，字符 '\0' 的 ASCII 码值为 0。

2. 字符数组的定义与初始化

定义一个长度为 12 的字符数组，然后分别赋值，方法如下：

```c
char ch[12];
    ch[0]='H';
    ch[1]='e';
    ch[2]='l';
    ch[3]='l';
    ch[4]='o';
    ch[5]=' ';
    ch[6]='w';
    ch[7]='o';
    ch[8]='r';
    ch[9]='l';
    ch[10]='d';
    ch[11]='!';
```

赋值后的数组 ch 在内存中的存储状态如图 10-1 所示。

图 10-1 数组 ch 内存存储状态

上述代码中定义数组后分别赋值的方式相对麻烦，可以在定义时进行简便赋值，方法如下：

```c
char ch[12] = {'H','e','l','l','o',' ','w','o','r','l','d','!'};
```

或者

```c
char ch[] = {'H','e','l','l','o',' ','w','o','r','l','d','!'};
```

数组长度可以省略，编译系统会自动识别长度。如果确定了长度且字符不足时，不足部分自动补 0，即补字符'\0'。

注意，只能在定义的时候使用简便方式赋值，下面的写法是错误的：

```
char ch[12];
ch = {'H','e','l','l','o',' ','w','o','r','l','d','!'};//错误
```

3. 使用字符串常量初始化字符数组

使用简便方式对字符数组进行初始化需要输入很多单引号，很麻烦。在 C 语言中还可以直接使用字符串常量给字符数组赋值，方法如下：

```
char ch2[] = {"Hello world!"};
```

或者

```
char ch2[] = "Hello world!";
```

【说明】

①　字符串"Hello world!"在内存中需要占用 13 个字节的空间，因为字符串的末尾有一个'\0'结束符需要存放。因此，定义后的字符数组 ch2 在内存中的存储状态如图 10-2 所示。

图 10-2　数组 ch2 内存存储状态

以下的定义方式是错误的，元素的个数超出了字符数组的长度，编译器提示错误，错误类型为"[Error] initializer-string for array of chars is too long"：

```
char ch2[12] = "Hello world!";//错误
```

②　在 C 语言中，字符数组和字符串是有区别的，字符串使用字符数组表示，但字符数组不一定是字符串。只有末尾是'\0'的字符数组才可以看作字符串。

【例 10-1】　输出若干个字符保存至字符数组中，分别统计出字母、数字和其他字符的个数。

本题未指明输入的字符个数，定义字符数组时需要足够大的长度。使用循环语句输入字符，以回车键作为循环的结束条件，同时记录输入的字符个数。参考代码如下：

```
#include <stdio.h>
int main()
{
    int i;
    char c,ch[100];
    //总数
    int count;
    //字母个数
    int n1 = 0;
    //数字个数
    int n2 = 0;
```

```
    //其他字符个数
    int n3 = 0;
    //输入字符数组元素,以回车结束,最多100个
    for(i=0;i<100;i++)
    {
        scanf("%c",&c);
        if(c == '\n')
        {
            count = i;
            break;
        }
        ch[i] = c;
    }
    //循环数组,分别统计个数
    for(i=0;i<count;i++)
    {
        c = ch[i];
        if((c>='A'&&c<='Z') || (c>='a'&&c<='z'))
            n1++;
        else if((c>='0'&&c<='9'))
            n2++;
        else
            n3++;
    }
    printf("共%d个字符\n字母个数为:%d\n数字个数为:%d\n其他字符个数为:
        %d\n",count,n1,n2,n3);
    return 0;
}
```

程序的运行结果如图 10-3 所示。

图 10-3　例 10-1 程序运行结果

10.2　字符串的输入与输出

字符串的输入与输出有 3 种方式:%c(逐字符方式)、%s(字符串方式)、字符串函数 gets()
和 puts()方式。

1. %c(逐字符方式)

在循环中使用 printf()函数和 scanf()函数进行输出和输入,格式控制字符使用%c,代码
如下:

```
#include <stdio.h>
int main()
{
```

```
    int i;
    char ch[100],c;
//输入
    for(i=0;i<100;i++)
    {
        scanf("%c",&c);
        if(c == '\n')
        {
            ch[i] = '\0';//重要
            break;
        }
        ch[i] = c;
    }
//输出
    for(i=0;i<100;i++)
    {
        if(ch[i]=='\0')
            break;
        printf("%c",ch[i]);
    }
    return 0;
}
```

【说明】需要特别注意的是，输入所有字符之后要在最后加‘\0’字符，使得字符数组 ch 符合字符串要求；输出时遇到字符‘\0’结束输出。

第 1 种方式输入输出都使用循环处理，代码烦琐不直观，没有特别要求，不建议使用。

2. %s(字符串方式)

printf()函数和 scanf()函数进行输出和输入时，格式控制字符使用%s 可以直接整个输入输出字符串。代码如下：

```
#include <stdio.h>
int main()
{
    char ch1[100],ch2[100];
    scanf("%s%s",ch1,ch2);
    printf("%s\n%s",ch1,ch2);
    return 0;
}
```

以上代码从键盘接收了两个字符串并分别输出。第 2 种方式的效果和第 1 种的处理效果相当，但代码简洁。

使用%s 的形式输入字符串时，字符串中不能出现空格字符，因为空格是 scanf()函数默认的输入分隔符。比如，期望将"Hello world"赋值给 ch1，"program"赋值给 ch2，于是以上代码运行后在控制台输入"Hello world program"，其结果却是将字符串"Hello"赋值给 ch1，"world"赋值给 ch2，第 3 个字符串并未被接收。

所以，如果输入的字符串包含空格，就需要使用更为简单的第 3 种方法。

3. 字符串函数 gets()和 puts()方式

C 语言库函数提供了字符串输入函数 gets()和输出函数 puts()，使用时要包含头文件"stdio.h"。

1) 输入函数 gets()

原型：char *gets(char *string);

功能：gets()函数用来从键盘读取字符串直到回车结束，但回车符不属于这个字符串。

调用格式：gets(p); 其中 p 是数组名或者指向字符串的指针。

注意：gets(ch)函数与 scanf("%s", ch)功能相似，但不完全相同。使用 gets()函数将接收输入的整个字符串直到回车为止，但 scanf("%s", ch)函数输入字符串时到空格为止，空格后的字符将作为下一个输入项处理。

2) 输出函数 puts()

原型：int puts(char *string);

功能：puts()函数用来输出字符串并换行。

调用格式：puts(p); 其中 p 是数组名或者指向字符串的指针。

注意：puts()函数的作用与语句 printf("%s\n",s)功能相似，但不完全相同。puts()输出字符串后自动换行，但 printf("%s\n",s)不会。

使用 gets()和 puts()输入输出字符串的代码如下：

```
#include <stdio.h>
int main()
{
    char ch[100];
    gets(ch);
    puts(ch);
    return 0;
}
```

【例 10-2】 输入一个字符串，进行反置后再输出。

参考代码如下：

```
#include <stdio.h>
#include <string.h>
int main()
{
    int i=0;
    int length;
    char ch[100];
    char t;
    puts("请输入一个长度不超过 100 的字符串: ");
    //输入字符串
    gets(ch);
    //获取字符串的长度
    length = strlen(ch);
    //反置，进行前后交换
    while(i<length/2)
    {
```

```
        t = ch[i];
        ch[i] = ch[length-1-i];
        ch[length-1-i] = t;
        i++;
    }
    //输出
    puts(ch);
    return 0;
}
```

程序的运行结果如图 10-4 所示。

```
请输入一个长度不超过100的字符串：
abcdef
fedcba
```

图 10-4　例 10-2 程序运行结果

10.3　指向字符串的指针

字符串常量与指针关系密切，因为字符串常量实际上表示的是存储这些字符内存空间的首地址。在 C 语言中，常通过声明一个指向 char 类型的指针并将其初始化为一个字符串常量的方式来访问一个字符串。例如：

```
char *ps = "Hello World!";
```

定义字符串指针 ps 指向字符串常量"Hello World!"，即指向字符串所在内存的首地址，可以使用指针变量 ps 引用字符串。

也可以使用数组的形式保存字符串常量，代码如下：

```
char a[] = "Hello World!";
```

数组名 a 就是一个指针，指向内容为"Hello World!"的字符数组，这两种方式功能相似，但不完全相同。指针变量 ps 可以被重新赋值指向另一个数组，数组名 a 不能被重新赋值。例如：

```
char *ps = "Hello World!";
ps = "Study Hard!"//正确
char a[] = "Hello World!";
a = "Study Hard!"//错误
```

【例 10-3】从键盘输入若干字符，使用字符串指针统计出字母、数字和其他字符的个数。

本题在例 10-1 的基础上做了改进，可以使用 gets()函数直接输入字符串，定义一个指针 ps 指向数组首地址，通过 ps++不断后移指针遍历字符数组。参考代码如下：

```
#include <stdio.h>
int main()
{
    char ch[100];
    char *ps = ch;
    int count = 0;
    int n1 = 0;
```

例 10-3 使用指针统计
字符个数

203

```
    int n2 = 0;
    int n3 = 0;
    gets(ch);
    //循环数组，分别统计个数
    while(*ps != '\0')
    {
        if((*ps>='A'&&*ps<='Z') || (*ps>='a'&&*ps<='z'))
            n1++;
        else if(*ps>='0'&&*ps<='9')
            n2++;
        else
            n3++;
        ps++;
        count++;
    }
    printf("共%d 个字符\n 字母个数为：%d\n 数字个数为：%d\n 其他字符个数为：
           %d\n",count,n1,n2,n3);
    return 0;
}
```

程序的运行结果如图 10-5 所示。

【例 10-4】 编写函数，实现字符串的复制功能。

定义两个字符指针 p、q 分别指向目标字符串和原字符串，复制完所指向的字符后 p、q 不断后移，重复执行直至 q 指向原字符串的结束字符‘\0’。最后别忘了在目标字符串的结尾加上结束符。参考代码如下：

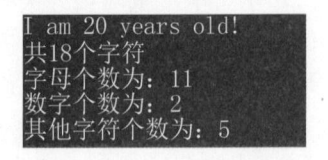

```
I am 20 years old!
共18个字符
字母个数为：11
数字个数为：2
其他字符个数为：5
```

图 10-5 例 10-3 程序运行结果

```
#include <stdio.h>
void mystrcpy(char *,char *);
int main()
{
    char a[100];
    char b[100];
    gets(a);
    mystrcpy(b,a);
    puts(b);
    return 0;
}
//将字符串 s2 复制到字符串 s1 处
void mystrcpy(char *s1,char *s2)
{
    char *p,*q;
    p = s1;
    q = s2;
    while(*q != 0)
    {
        *p++ = *q++;
    }
    *p=0;
}
```

例 10-4 字符串复制

程序的运行结果如图 10-6 所示。

其实，C 语言库函数提供了关于字符串处理的库函数，比如获取字符串长度、复制字符串、比较字符串大小等，使用者可以根据需要直接调用。

图 10-6　例 10-4 程序运行结果

10.4　字符串常用处理函数

C 语言里没有字符串数据类型，但存在字符串的概念。C 语言标准库函数专门提供了一系列的字符串处理函数，在程序编写过程中合理使用这些函数可以有效地提高编程效率。使用这些函数需要先导入 string.h 头文件。下面介绍一些常用的字符串处理函数。

1. 获取字符串长度

函数名：strlen

功能：计算指定的字符串 s 的长度，不包括结束字符 '\0'。

函数原型：int strlen(const char *s);

返回值：返回字符串 s 的字符数。

说明：strlen()函数计算的是字符串的实际长度，遇到第一个 '\0' 结束。

2. 复制字符串

函数名：strcpy()

功能：将参数 src 字符串复制至参数 dest 所指的地址。

函数原型：char *strcpy(char *dest, const char *src);

返回值：返回参数 dest 的字符串起始地址。

说明：如果参数 dest 所指的内存空间不够大，可能会造成缓冲溢出的错误情况，在编写程序时需特别留意；将一个字符串赋值给另一个字符串不能使用 "="，只能使用 strcpy() 函数，例 10-5 有详细说明。

3. 连接字符串

函数名：strcat()

功能：将字符串 src 拼接到字符串 dest 的尾部。

函数原型：char *strcat(char *dest, const char *src);

返回值：返回 dest 字符串起始地址。

说明：dest 最后的结束字符 '\0' 会被覆盖掉，并在连接后的字符串的尾部再增加一个 '\0'；dest 要有足够的空间来容纳要连接的字符串。

4. 比较字符串

函数名：strcmp()

功能：字符串比较。

函数原型：int strcmp(const char *s1, const char *s2);

返回值：根据 ASCII 码进行比较，若参数 s1 和 s2 字符串相同则返回 0，若 s1 大于 s2 则返回 1，若 s1 小于 s2 则返回−1。

说明：字母区分大小写，如果希望不区分大小写进行字符串比较，可以使用 stricmp() 函数。

5. 转换字符串数据类型

函数名：atoi()

功能：将字符串转换成 int 型数据。

函数原型：int atoi (const char * str);

返回值：返回转换后的 int 整型数；若 str 不能转换成 int 或者 str 为空字符串，则返回 0。

说明：使用前需要导入头文件"stdlib.h"，类似的函数还有 atof(*str)将字符串转换为 double 浮点数，atol(*str) 将字符串转换为 long 型整数。

6. 反置字符串

函数名：strrev()

功能：将字符串 str 倒转。

函数原型：char *strrev(char *str);

返回值：返回指向反置后的字符串的指针。

说明：不会生成新字符串，而是修改原有字符串。

7. 小写字母转换为大写字母

函数名：strupr()

功能：将字符串中的小写字母转换为大写字母。

函数原型：char *strupr(char *str);

返回值：返回转换后的大写形式字符串的指针。

说明：不会生成新字符串，而是修改原有字符串。

8. 大写字母转换为小写字母

函数名：strlwr()

功能：将字符串中的大写字母转换为小写字母。

函数原型：char *strlwr(char *str);

返回值：返回转换后的小写形式字符串的指针。

说明：不会生成新字符串，而是修改原有字符串。

【例 10-5】 字符串常用处理函数操作与练习。

参考代码如下：

```c
#include <stdio.h>
#include <string.h>
int main()
{
    char s1[100] = "Hello ";
    char s2[] = "World!";
    char s3[] = "hello world!";
    strcat(s1,s2);
    char s4[100];
    strcpy(s4,s3);
```

```
        char *p = s1;
        printf("%d\n", strlen(s3));
        printf("%p-->%s\n", s1,s1);
        printf("%p-->%s\n", s3,s3);
        printf("%p-->%s\n", s4,s4);
        printf("%p-->%s\n", p,p);
        printf("%d\n", strcmp(s1,s3));
        printf("%d\n", stricmp(s1,s3));
        printf("%d\n", strcmp(strlwr(s1),strlwr(s3)));
    return 0;
}
```

程序的运行结果如图 10-7 所示。

【说明】

①　"strcat(s1,s2);"语句将 s2 的内容连接到 s1 的后面，前提是 s1 保留了足够空间；"strcpy(s4,s3);"语句将 s3 的内容复制到 s4 中，前提是 s4 有足够空间。

②　第 1 条输出语句输出了字符串 s3 的长度 12，不包含字符串的结束符。第 2～4 条输出语句分别输出了字符串 s1、s3、s4 的首地址和内容，根据输出内容可知，这 3 个字符串

图 10-7　例 10-5 程序运行结果

各自占有内存空间；第 5 条输出语句输出了指向字符串 s1 的指针及其内容，和输出 s1 的第 2 条输出语句等效。

③　第 6 条输出语句输出了字符串 s1 和 s3 的比较结果，因为 s1 的首字母"H"的 ASCII 码值小于 s3 的首字母"h"的 ASCII 码值，所以比较的结果是-1；第 7 条输出语句忽略字母的大小写进行比较，结果相等；第 8 条输出语句将字符串都转换为小写字母后再比较，结果相等。

10.5　字符串数组

在 C 语言中，用一个字符数组保存一个字符串，多个字符串形成的字符串数组则使用二维字符数组保存。例如一个学生的姓名是一个一维数组，多个学生的姓名则为一个二维数组。例如：

```
char name[4][21];
```

定义了一个可以存放 4 个姓名的二维数组，4 个姓名分别为 name[0]、name[1]、name[2]、name[3]，每个姓名的长度不超过 20 个字符。

【例 10-6】　使用二维字符数组输入、输出 4 个名字。

参考代码如下：

```
#include <stdio.h>
int main()
{
    //定义数组
    char name[4][21];
    int i;
```

```
        printf("输入:\n");
        for(i=0;i<4;i++)
            gets(name[i]);
        printf("输出:\n");
        for(i=0;i<4;i++)
            puts(name[i]);
        return 0;
}
```

程序的运行结果如图 10-8 所示。

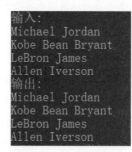

图 10-8 例 10-6 程序运行结果

【说明】如图 10-9 所示，系统给二维字符数组 name 分配了 84 个连续的字节空间，其中 name[0]表示第一个字符串，指向第一个名字，以此类推，name[3]指向第 4 个名字。

图 10-9 字符数组内存空间

【例 10-7】 分别使用函数输入 4 个名字，排序后输出。

【题目分析】本题需要自定义 3 个函数，分别实现字符串输入功能、字符串排序功能和字符串输出功能。

参考代码如下：

例 10-7 字符串排序

```
#include <stdio.h>
#include <string.h>
void getStrings(char (*)[21],int );
void putStrings(char (*)[21],int );
void sortString(char (*)[21],int );
int main()
{
    char s[4][21];
    printf("输入:\n");
    getStrings(s,4);
    sortString(s,4);
    printf("输出:\n");
```

```
    putStrings(s,4);
    return 0;
}
void getStrings(char s[][21],int n)
{
    int i;
    for(i=0;i<n;i++)
    gets(s[i]);
}
void putStrings(char (*s)[21],int n)
{
    int i;
    for(i=0;i<n;i++)
    puts(s[i]);
}
void sortString(char (*s)[21],int n)
{
    int i,j;
    char p[21];
    for(i=0;i<n-1;i++)
    {
        for(j=0;j<n-i-1;j++)
        {
            if(strcmp(s[j],s[j+1])>0)
            {
                strcpy(p,s[j]);
                strcpy(s[j],s[j+1]);
                strcpy(s[j+1],p);
            }
        }
    }
}
```

程序的运行结果如图 10-10 所示。

【说明】

①　参数"char (*s)[21]"表示一个指针，这个指针只能指向一个长度为 21 的字符数组，等价于"char s[][21]"。

②　注意表达式"char (*s)[21]"和"char *s[21]"的区别："char *s[21]"是指针数组，它是一个长度为 21 的数组，数组的元素都是字符指针；而"char (*s)[21]"是一个指针，指向长度为 21 的字符数组。

③　字符串数组也可以使用冒泡法排序，将某个字符串作为整体进行排序，要注意的是字符串比较时不能使用"=="，而应该用字符串常用函数 strcmp()；字符串复制不能使用"="，而应该用 strcpy()函数赋值。

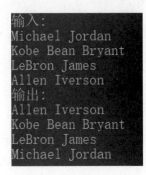

图 10-10　例 10-7 程序运行结果

10.6 字符串实例

【例 10-8】编写函数，使用指针方式将字符串中的小写字母全部改为对应的大写字母，其他字符不变，并在主函数中调用，字符串的内容从键盘输入。

【题目分析】可使用字符指针 p 指向字符串并不断后移，判断 p 指向的内容是否是小写字母，如果是则减去大小写字母之间的差值。

使用字符指针遍历字符串的写法是常用方法，务必熟练使用。

参考代码如下：

```
#include <stdio.h>
void change(char *);
int main()
{
    char s[100];
    gets(s);
    change(s);
    puts(s);
    return 0;
}
void change(char *s)
{
    char *p = s;
    while(*p != 0)
    {
        if(*p>='a' && *p<='z')
            *p -= ('a'-'A');
        p++;
    }
}
```

程序的运行结果如图 10-11 所示。

```
I am 20 years old.
I AM 20 YEARS OLD.
```

图 10-11　例 10-8 程序运行结果

【例 10-9】编写函数，使用指针方式对字符串进行加密与解密，加密方式为将每个英文字母用它后面的第 5 个字母代替，z 的后一个字母是 a，非英文字母不变。例如：字符串 "my name" 加密后为 "rd sfrj"。

【题目分析】在项目开发中，为了防止一些敏感信息的泄露，通常我们会对这些信息进行加密，比如用户的登录密码，如果不加密直接进行明文存储的话，就很容易被人看到，因此我们需要对数据进行加密后再存储，这样即使被看到也是我们加密后的数据，从而大大提高了安全性。

本题涉及的加密方法比较简单，定义字符指针遍历字符串，对字符串中的每个字符进行判断，通过 islower() 函数判断字符是否是小写字母，如果是则加 5，然后需进一步判断是否超出了小写字母的数值范围；对于大写字母和数字也做同样处理，判断是否是大写字母使用 isupper()函数，判断字符是否是数字使用 isdigit()函数。参考代码如下：

```c
#include <stdio.h>
#include <ctype.h>
void encode(char *);
void decode(char *);
int main()
{
    char s[100];
    gets(s);
    encode(s);
    printf("加密后：\n");
    puts(s);
    decode(s);
    printf("解密后：\n");
    puts(s);
    return 0;
}

void encode(char *s)
{
    char *p = s;
    while(*p != 0)
    {
        //如果是小写字母
        if(islower(*p))
        {
            *p += 5;
            if(*p > 'z')
                *p -= 26;
        }
        //如果是大写字母
        else if(isupper(*p))
        {
            *p += 5;
            if(*p > 'Z')
                *p -= 26;
        }
        //如果是数字
        else if(isdigit(*p))
        {
            *p += 5;
            if(*p > '9')
                *p -= 10;
        }
        p++;
    }
}
void decode(char *s)
{
```

```
        char *p = s;
        while(*p != 0)
        {
            //如果是小写字母
            if(islower(*p))
            {
                *p -= 5;
                if(*p < 'a')
                    *p += 26;
            }
            //如果是大写字母
            else if(isupper(*p))
            {
                *p -= 5;
                if(*p < 'A')
                    *p += 26;
            }
            //如果是数字
            else if(isdigit(*p))
            {
                *p -= 5;
                if(*p < '0')
                    *p += 10;
            }
            p++;
        }
}
```

程序的运行结果如图 10-12 所示。

```
Meet at the lab at 7:30 tonight.
加密后:
Rjjy fy ymj qfg fy 2:85 ytsnlmy.
解密后:
Meet at the lab at 7:30 tonight.
```

图 10-12　例 10-9 程序运行结果

【例 10-10】　编写函数，使用指针方式连接字符串数组中的所有字符串，中间使用空格隔开，再编写一个函数将其拆分成字符串数组。

【题目分析】在实现连接功能的 connect()函数中，需要在每个字符串后面串接空格后再不断串接到 s 上，所以要使用两次 strcat()函数，串接后需要去除最后一个多余的空格，方法是使用指针 p 不断后移指向最后一个元素，直接赋值 0；分割函数 cut()中使用指针变量 p 进行遍历，将字符赋值到字符串数组中，遇到空格则另起一个字符串进行赋值。参考代码如下：

例 10-10 字符串的
合并和分割

```
#include <stdio.h>
#include <string.h>
void connect(char (*)[21],int n,char *s);
int cut(char *s,char (*)[21]);
void putss(char (*)[21],int n);
int main()
```

```
{
    char s[100]="";
    char ss[6][21]={"A","new","day","has","come","!"};
    char ss2[6][21]={0};
    connect(ss,6,s);
    printf("连接后: \n");
    puts(s);
    int n = cut(s,ss2);
    printf("%d\n",n);
    printf("拆分后: \n");
    putss(ss2,n);
    return 0;
}
//输出 n 个字符串
void putss(char (*ss)[21],int n)
{
    int i;
    for(i=0;i<n;i++)
        puts(ss[i]);
}
//使用空格连接 n 个字符串
void connect(char (*ss)[21],int n,char *s)
{
    int i;
    for(i=0;i<n;i++)
    {
        strcat(s,strcat(ss[i]," "));
    }
    //去掉最后一个空格
    char *p;
    p = s;
    while(*p!=0)
        p++;
    p--;
    *p = 0;
}
//使用空格分隔字符串
int cut(char *s,char (*ss)[21])
{
    int i=0,j=0;
    char *p = s;
    while(*p!='\0')
    {
        if(*p==' ')
        {
            i++;
            j=0;
        }
        else
            ss[i][j++]=*p;
        p++;
```

```
        }
        return i+1;
}
```

程序的运行结果如图 10-13 所示。

```
连接后:
A new day has come !
6
拆分后:
A
new
day
has
come
!
```

图 10-13 例 10-10 程序运行结果

本 章 小 结

本章主要讲解了字符串的相关知识，学习内容包括字符串的定义与初始化、字符数组与字符串的关系、字符串的输入与输出、字符串指针、常用字符串函数、字符串数组。在 C 语言中，字符串使用字符数组存储，以字符 '\0' 结尾。C 语言标准库提供了众多库函数，以方便用户对字符串进行各种处理。本章内容综合了数组和指针的知识，十分重要，是各类考试的重点内容，学习者务必多加练习，熟练掌握。

自 测 题

一、单选题

1. 以下正确对字符串赋值的是(   )。

    A. char s[5]={'g','o','o','d','!'};   B. char *s = "good!";

    C. char s[5] = "good!";   D. char s[5];s="good";

2. 若有定义语句：char s[10]="1234567\0\0"，则 strlen(s) 的值是(   )。

    A. 7   B. 8   C. 9   D. 10

3. 设有定义：char s[81]; int i=0，以下不能将一行(不超过 80 个字符)带有空格的字符串正确读入的语句或语句组是(   )。

    A. gets(s);

    B. while((s[i++]=getchar())!='\n') ;s[i]= '\0';

    C. scanf("%s",s);

    D. do{ scanf("%c",&s[i]); } while(s[i++]!='\n');   s[i]= '\n';

4. 设有定义：char p[]={'1', '2', '3'},*q=p，以下不能计算出一个 char 型数据所占字节数的表达式是(   )。

    A. sizeof(p)   B. sizeof(char)   C. sizeof(*q)   D. sizeof(p[0])

5．以下语句中存在语法错误的是(   )。

    A. char s1[] = "right";   B. char s2[5] = "right";

    C. char s3[6] = "right";   D. char s4[6] = {"right"};

6．以下语句中不存在语法错误的是(   )。

    A. char ss1[][5]={"right"};   B. char ss2[][6]={"right"};

    C. char ss3[][6]="right";   D. char ss4[][5]="right";

7．若有说明: char *language[]={ "FORTRAN" , "BASIC", "PASCAL", "JAVA", "C"}，则language[2]的值是(   )。

    A. 一个字符   B. 一个地址   C. 一个字符串   D. 一个不定值

8．设有定义: char *cc[2]={ "1234","5678"}，则正确的叙述是(   )。

    A. cc 数组的两个元素中各自存放了字符串 "1234" 和 "5678" 的首地址

    B. cc 数组的两个元素分别存放的是含有 4 个字符的一维字符数组的首地址

    C. cc 是指针变量，它指向含有两个数组元素的字符型一维数组

    D. cc 元素的值分别为 "1234" 和 "5678"

二、填空题

1. 有以下程序:

```
#include <stdio.h>
void swap(char *x,char *y)
{
    char t;
    t = *x;
    *x = *y;
    *y = t;
}
int main()
{
    char s1[]="abc";
    char s2[]="123";
    swap(s1,s2);
    printf("%s,%s\n",s1,s2);
    return 0;
}
```

程序运行后输出的结果为_____。

2. 有以下程序:

```
#include <stdio.h>
#include <string.h>
int main()
{
    char a[20] = "ABCD\0EFG\0",b[]="HIJK";
    strcat(a,b);
    printf("%s\n",a);
    return 0;
}
```

程序运行后输出的结果为_____。

3. 有以下程序:

```c
#include <stdio.h>
#include <string.h>
int main()
{
    char p[20]={'a','b','c','d'};
    char q[]="efg";
    char r[]="hijk";
    strcat(p,r);
    strcpy(p+strlen(q),q);
    puts(p);
    return 0;
}
```

程序运行后输出的结果为_____。

4. 有以下程序:

```c
#include <stdio.h>
int main()
{
    char s[]={"abcdef"};
    char *p = s;
    p++;
    printf("%c",p[2]);
}
```

程序运行后输出的结果为_____。

5. 有以下程序:

```c
#include <stdio.h>
void fun(char *c)
{
    while(*c)
    {
        if(*c>='a'&&*c<='z')
            *c = *c-('a'-'A');
        c++;
    }
}
int main()
{
    char s[81] = "Hello YangZhou!";
    fun(s);
    puts(s);
    return 0;
}
```

程序运行后输出的结果为_____。

6. 以下程序实现了在字符串 s 的第 n 个字符后面插入字符 c，请补全代码。

```
void insertChar(char *s, int n,char c)
{
    int i;
    int len = strlen(s);
    if(len<n)
        return;
    for(i=len;i>n;i--)
        _____
        _____
}
```

7. 以下程序实现了字符串的反置，请补全代码。

```
void myRev(char *s)
{
    char *p,*q;
    char t;
    //指向头
    p = s;
    //指向尾
    q = s;
    while(*q != 0)
        _____
        _____
    //前后交换
    while(p<q)
    {
        t = *p;
        *p = *q;
        *q = t;
        _____
        _____
    }
}
```

8. 以下程序实现了字符串正序排序(从小到大)，请补全代码。

```
void sort(char (*s)[101],int n)
{
    int i,j;
    char p[101];
    for(i=0; _____;i++)
    {
        for(j=0;j<n-1-i;j++)
        {
            if(_____)
            {
                _____
                strcpy(s[j],s[j+1]);
                strcpy(s[j+1],p);
            }
        }
```

```
        }
}
```

三、编程题

1. 编写函数，判断一个字符串是否包含某个字符，并在主函数中测试结果。

2. 编写函数，去除字符串中的重复字符，在主函数中调用后输出字符串内容。

3. 编写函数，判断一个字符串是否包含另一个字符串，并在主函数中测试结果。

4. 定义一个字符串数组用于存放若干单词，从键盘输入某个单词，判断是否已存在于单词数组中。

5. 自定义函数，实现字符串连接函数 strcat()的功能。

6. 自定义函数，实现字符串复制函数 strcpy()的功能。

7. 自定义函数，实现字符串比较函数 strcmp()的功能。

第 **11** 章

结构体与共用体

本章要点

◎ 结构体类型的定义与使用

◎ 使用 typedef 为数据类型起别名

◎ 结构体变量对成员的引用

◎ 单链表的定义与基本操作

◎ 共用体类型的定义与使用

学习目标

◎ 掌握结构体类型的定义与使用方法

◎ 掌握使用 typedef 为数据类型起别名的方法

◎ 掌握结构体变量的定义与引用成员的方法

◎ 了解结构体指针、结构体数组与结构体作为函数参数的应用

◎ 了解单链表及其基本操作

◎ 理解共用体类型的定义与使用

11.1 结构体类型

编程时会遇到数据对象是由多种不同数据类型的成员构成的情况，例如，某学生成绩管理系统中，学生记录包含学号、姓名、性别以及三门课程的成绩，其中，学号是整型，姓名是一维字符数组，性别是字符型，三门课程的成绩是一维整型数组，虽然它们的数据类型不一样，但在逻辑上是一个整体。C 语言提供了结构体类型，可以由用户将具有联系的不同数据类型的成员组合在一起，自定义出新的数据类型。

11.1.1 结构体类型的定义

结构体类型的定义格式如下：

```
struct 结构体名
{
    数据类型 结构体成员名表1;
    数据类型 结构体成员名表2;
        ⋮
    数据类型 结构体成员名表n;
};
```

【说明】

① struct 关键字是结构体类型的标志，"结构体名"是用户自定义标识符，两者组合在一起的"struct 结构体名"是用户自定义的结构体数据类型名。

② 花括号中包含 n 个结构体成员，"结构体成员名"是用户自定义标识符，若有多个相同数据类型的结构体成员，可用逗号分隔，形成"结构体成员名表"。结构体的成员名可以和程序的其他变量同名，也可以和其他结构体的成员同名。

③ 结构体成员的数据类型，可以是简单数据类型，也可以是构造类型。当结构体说明中包含结构体成员时，称为结构体的嵌套，C 语言规定结构体允许嵌套 15 层，且允许内嵌结构体成员与外层成员同名。

④ 结构体类型的定义列出了该结构体的组成情况，系统不会为自定义的结构体类型分配任何存储空间。只有定义结构体类型的变量、数组或动态开辟的存储单元，系统才会为这些"实体"开辟空间存放结构体数据。

⑤ 结构体定义的最后要以分号";"结束。

【例 11-1】 定义一个日期结构体，包含成员年、月、日。

参考代码如下：

```
struct date
{
    int year,month,day;
};
```

【说明】

① 用户自定义结构体类型，名为 struct date。

② 该结构体包含三个成员，分别为 year、month、day，它们的数据类型都为整型。

【**例 11-2**】　定义一个学生结构体，包含学号、姓名、性别、三门课程的成绩。

参考代码如下：

```
struct student
{
    int num;
    char name[20];
    char sex;
    int score[3];
};
```

【**例 11-3**】　定义一个学生结构体，包含学号、姓名、性别、出生日期、三门课程的成绩。

参考代码如下：

```
struct student
{
    int num;
    char name[20];
    char sex;
    struct date birthday;
    int score[3];
};
```

例 11-3　定义 struct student

【说明】

①　本例为例 11-2 的结构体 struct student 增加了一个成员 birthday，表示学生的出生日期，该成员的数据类型是用户自定义的结构体类型 struct date，构成了结构体的嵌套。

②　在结构体嵌套中，成员的结构体类型需先定义。本例中，必须先定义 struct date，再定义 struct student。

11.1.2　用 typedef 为数据类型起别名

C 语言提供了关键字 typedef 为数据类型起别名，它可用于为用户自定义的结构体类型起别名，使编程更为简洁、易于阅读。

1. 为已有的结构体类型起别名

格式如下：

```
typedef 类型名 标识符;
```

【说明】

①　"类型名"是在 typedef 语句之前已定义的数据类型的名称，"标识符"是用户自定义标识符，作为"类型名"的别名。

②　typedef 语句的作用仅仅是用"标识符"代表已存在的"类型名"，没有产生新的数据类型，原有类型名仍然有效。

③　为了便于区别，一般用大写字母表示别名。

以结构体类型 struct date 为例，先定义类型后起别名 DATE，语句如下：

```
struct date
```

```
{
    int year,month,day;
};
typedef struct date DATE;
```

2. 定义结构体类型的同时起别名

以结构体类型 struct date 为例，定义的同时起别名 DATE，语句如下：

```
typedef struct date
{
    int year,month,day;
} DATE ;
```

【例 11-4】 为结构体类型 struct date 起别名 DATE 后，可将例 11-3 改写为：

```
struct student
{
    int num;
    char name[20];
    char sex;
    DATE birthday;
    int score[3];
};
```

11.1.3 结构体变量

用户自定义结构体类型可以和其他数据类型一样，定义结构体变量、结构体数组、结构体指针等，本节先介绍最简单的结构体变量。定义结构体变量的格式如下：

结构体类型名　变量名；

1. 先定义结构体类型，再定义结构体变量

例如：

```
struct student
{
  int num;
  char name[20];
  char sex;
  int score[3];
};
struct student std;
```

【说明】

① 用户先定义了结构体类型 struct student，再由单独语句定义了 struct student 类型的变量 std。

② 定义变量 std 时，系统会分配相应的内存空间，大小至少为所有成员所占内存空间的总和，如图 11-1 所示。

内存段

num	4字节
name	20字节
sex	1字节
score[0]	4字节
score[1]	4字节
score[2]	4字节

图 11-1　系统为 std 变量分配的内存空间

2. 使用 typedef 为结构体类型起别名，再用别名定义结构体变量

例如：

```
typedef struct student
{
    int num;
    char name[20];
    char sex;
    int score[3];
}STUDENT;
STUDENT std;
```

【说明】

① typedef 语句为结构体类型 struct student 起别名为 STUDENT，在该语句之后，可以用别名 STUDENT 定义 struct student 结构体类型的变量 std。

② STUDENT 只是 struct student 的别名，原类型 struct student 仍然有效。

3. 定义结构体类型的同时，定义结构体变量

例如：

```
struct student
{
    int num;
    char name[20];
    char sex;
    int score[3];
}std;
```

【说明】

① 在定义结构体类型的同时，定义该类型的变量，注意变量名在类型结束分号";"的前面。

② 若在后续编程中只需要使用结构体变量，不再使用该类型，还可以省略结构体名称 student，直接定义变量。例如：

```
struct
{
    int num;
    char name[20];
    char sex;
    int score[3];
}std;
```

11.1.4 结构体变量的赋值

为结构体变量赋值有两种方式：一是在定义结构体变量的同时为各成员赋初值；二是在定义结构体变量之后。使用赋值运算符赋值。

1. 定义变量的同时赋初值

定义结构体变量的同时赋初值时，可以按结构体定义中成员的顺序将对应初值依次写在一对花括号"{ }"中。以例 11-1 为例，语句如下：

```
struct date day1 = { 2020, 10, 27};
```

以例 11-2 为例，定义变量并赋初值，语句如下：

```
struct student std = { 1001, "QiLei", 'M', 89, 91, 86};
```

赋初值后，变量 std 的内容如图 11-2 所示。

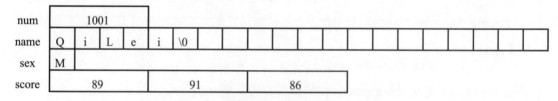

图 11-2 赋初值后变量 std 的成员示意图

以例 11-3 为例，定义变量并赋初值，语句如下：

```
struct student std = { 1001, "QiLei", 'M', { 1999, 3, 24 }, 89, 91, 86 };
```

【说明】

① 为结构体变量赋初值时，C 语言编译器按每个成员在结构体中的顺序赋初值，不允许跳过前面的成员给后面的成员赋初值，可以只给前面的若干个成员赋初值，后面未赋初值的成员，由系统自动为数值型和字符型数据赋初值为 0。

② 结构体在逻辑上是一个整体，可以用同类型且有值的结构体变量为新定义的变量整体赋初值。以例 11-1 为例，语句如下：

```
struct date day2=day1;
```

③ 若结构体内嵌套结构体，需使用花括号"{ }"为嵌套其中的结构体类型成员赋初值。

2. 定义变量之后再赋值

定义结构体变量之后，可以使用赋值运算符将同类型结构体变量的值整体赋给该变量。以例 11-1 为例，定义变量后赋值的语句如下：

```
struct date day3;
day3 = day2;
```

也可以使用赋值运算符为变量的各成员赋值。

11.1.5 结构体变量成员的引用

编程时，可以使用结构体成员运算符"."单独访问其成员，格式如下：

```
结构体变量名 . 成员名
```

以例 11-3 为例，可以访问结构体类型 struct student 变量 std 的成员，语句如下：

```
学号          std.num
姓名          std.name
性别          std.sex
出生年        std.birthday.year
出生月        std.birthday.month
出生日        std.birthday.day
三门课成绩    std.score[0], std.score[1], std.score[2]
```

【说明】

① 对于结构体类型的成员，在操作时，可将其视为同类型的普通变量。

② 若存在结构体嵌套，需多次使用结构体成员运算符"."。

③ 出现在"."之前的必须是结构体变量名或结构体成员名，不能是结构体类型名。

【例 11-5】 某学生的记录由学号、姓名、性别、出生日期、三门课程的成绩组成，现有三位同学，信息如表 11-1 所示，请使用赋初值的方式为第 1 位学生输入数据，使用赋值的方式为第 2 位学生输入数据，使用键盘输入的方式为第 3 位学生输入数据，再将三位学生的信息输出到显示器。

例 11-5 结构体变量值的输入与输出

表 11-1 学生记录信息表

	学 号	姓 名	性 别	出生日期	成绩 1	成绩 2	成绩 3
第 1 位学生	1001	QiLei	M	1999 年 3 月 24 日	89	91	86
第 2 位学生	1002	QianYan	F	1999 年 7 月 15 日	94	91	92
第 3 位学生	1003	ChenSi	F	1998 年 4 月 2 日	92	95	90

【题目分析】该学生的记录由多种不同类型的成员组成，需使用结构体自定义学生类型，其中出生日期也是结构体类型，构成了结构体的嵌套。

参考代码如下：

```c
#include <stdio.h>
#include <string.h>
struct date
{
    int year, month, day;
};
struct student
{
    int num;
    char name[20];
    char sex;
    struct date birthday;
    int score[3];
};
typedef struct student STUDENT;
int main()
{
    STUDENT stu1 = { 1001, "QiLei", 'M', { 1999, 3, 24 }, 89, 91, 86};
    STUDENT stu2, stu3;
    stu2.num = 1002;
    strcpy( stu2.name, "QianYan");
    stu2.sex = 'F';
    //stu2.birthday={1999,5,15};错误
    stu2.birthday.year = 1999;
    stu2.birthday.month = 7;
    stu2.birthday.day = 15;
    stu2.score[0] = 94;
    stu2.score[1] = 91;
    stu2.score[2] = 92;
    printf("请从键盘输入第 3 位学生的信息: ");
    scanf("%d%s %c%d%d%d%d%d%d",&stu3.num, stu3.name, &stu3.sex,
        &stu3.birthday.year, &stu3.birthday.month, &stu3.birthday.day,
        &stu3.score[0], &stu3.score[1], &stu3.score[2]);
    printf("显示三位学生的信息为: \n");
    printf("第 1 位学生: %d  %10s\t%c\t%d\t%d\t%d\t%d\t%d\t%d\n",
        stu1.num, stu1.name, stu1.sex,
        stu1.birthday.year, stu1.birthday.month, stu1.birthday.day,
        stu1.score[0], stu1.score[1], stu1.score[2]);
    printf("第 2 位学生: %d  %10s\t%c\t%d\t%d\t%d\t%d\t%d\t%d\n",
        stu2.num, stu2.name, stu2.sex,
        stu2.birthday.year, stu2.birthday.month, stu2.birthday.day,
        stu2.score[0], stu2.score[1], stu2.score[2]);
    printf("第 3 位学生: %d  %10s\t%c\t%d\t%d\t%d\t%d\t%d\t%d\n",
        stu3.num, stu3.name, stu3.sex,
        stu3.birthday.year, stu3.birthday.month, stu3.birthday.day,
        stu3.score[0], stu3.score[1], stu3.score[2]);
    return 0;
}
```

程序的运行结果如图 11-3 所示。

请从键盘输入第 3 位学生的信息：1003 ChenSi F 1998 4 2 92 95 90								
显示三位学生的信息为：								
第 1 位学生：1001	QiLei	M	1999	3	24	89	91	86
第 2 位学生：1002	QianYan	F	1999	7	15	94	91	92
第 3 位学生：1003	ChenSi	F	1998	4	2	92	95	90

图 11-3 例 11-5 程序运行结果

【说明】

① 定义结构体变量的同时可以使用花括号"{}"为变量赋初值。

② 定义变量之后再赋值时，可以使用赋值运算符将同类型结构体变量的值赋给该变量，也可以为成员单独赋值，但不能用花括号"{}"为结构体变量进行整体赋值。例如，在定义 stu2 后，想为其出生日期赋值为 1998 年 4 月 2 日，使用赋值语句 stu2.birthday = { 1998, 4, 2 }系统会报错，这种形式只能在定义变量的同时赋初值时使用。

③ 使用 scanf()函数为 stu3 从键盘读入数据时，scanf 语句的格式控制字符串 "%d%s %c%d%d%d%d%d%d"中，姓名的格式控制符%s 和性别的格式控制符%c 之间要加空格。

11.2 结构体指针

定义结构体指针的格式如下：

结构体类型名 *指针变量名;

以例 11-3 定义的结构体类型 struct student 为例，定义指向该类型变量的指针 p，语句如下：

```
struct student *p;
```

可以为指针赋值，语句如下：

```
struct student stu;
p = &stu;
```

也可以通过指针对结构体变量的成员进行引用，格式如下：

(*指针变量名). 成员名

等价于

指针变量名 -> 成员名

例如，指针 p 对学号成员的访问可写为：

(*p). num

或

p -> num

【说明】

① 箭头"->"是 C 语言提供的"指向结构体成员"运算符。

② 使用"(*指针变量名). 成员名"方式访问成员时，因为"间接访问"运算符"*"的优先级低于"结构体成员"运算符"."，所以圆括号"()"不能少。

③ 更推荐使用"指针变量名 -> 成员名"格式实现结构体指针对成员的引用。

11.3 结构体数组

定义结构体数组的格式如下：

```
结构体类型名   数组名 [ 常量表达式 ];
```

以例 11-3 定义的结构体类型 struct student 为例，定义该类型数组 s，语句如下：

```
struct student s[3];
```

数组包含 3 个数组元素，分别为结构体变量 s[0]、s[1]、s[2]，以 s[0]为例，可以引用的成员分别为：

```
s[0].num
s[0].name
s[0].sex
s[0].birthday.year
s[0].birthday.month
s[0].birthday.day
s[0].score[0]
s[0].score[1]
s[0].score[2]
```

数组元素引用成员的方式可以有三种，分别为：

① 结构体数组名 [下标]. 成员名

② *(结构体数组名+下标). 成员名

③ (结构体数组名+下标)-> 成员名

一般用第一种方式。

【例 11-6】 某学生的记录由学号、姓名、性别、出生日期、三门课程的成绩组成，现有三位同学的信息如表 11-2 所示，请使用数组实现三位学生的信息，其中第 1 位学生和第 2 位学生的信息在定义时赋初值，第 3 位学生的信息通过赋值实现，再将三位学生的信息输出到显示器。

例 11-6 结构体数组
数据的输入与输出

表 11-2 学生记录信息表

	学 号	姓 名	性 别	出生日期	成绩 1	成绩 2	成绩 3
第 1 位学生	1001	QiLei	M	1999 年 3 月 24 日	89	91	86
第 2 位学生	1002	QianYan	F	1999 年 7 月 15 日	94	91	92
第 3 位学生	1003	ChenSi	F	1998 年 4 月 2 日	92	95	90

参考代码如下：

```
#include <stdio.h>
#include <string.h>
```

```
struct date
{
    int year, month, day;
};
struct student
{
    int num;
    char name[20];
    char sex;
    struct date birthday;
    int score[3];
};
typedef struct student STUDENT;
int main()
{
    int i;
    STUDENT stu[3] = { {1001, "QiLei", 'M', { 1999, 3, 24 }, 89, 91, 86},
{1002, "QianYan", 'F', { 1999, 7,15 }, 94, 91, 92}};
    stu[2].num = 1003;
    strcpy( stu[2].name, "ChenSi");
    stu[2].sex = 'F';
    stu[2].birthday.year = 1998;
    stu[2].birthday.month = 4;
    stu[2].birthday.day = 2;
    stu[2].score[0] = 92;
    stu[2].score[1] = 95;
    stu[2].score[2] = 90;
    printf("显示三位学生的信息为：\n");
    for(i=0;i<3;i++)
    {
        printf("第%d位学生：%d  %10s\t%c\t%d\t%d\t%d\t%d\t%d\t%d\n",i+1,
                stu[i].num, stu[i].name, stu[i].sex,
                stu[i].birthday.year,
                stu[i].birthday.month,
                stu[i].birthday.day,
                stu[i].score[0], stu[i].score[1], stu[i].score[2]);
    }
    return 0;
}
```

程序的运行结果如图 11-4 所示。

显示三位学生的信息为：									
第 1 位学生：1001	QiLei	M	1999	3	24	89	91	86	
第 2 位学生：1002	QianYan	F	1999	7	15	94	91	92	
第 3 位学生：1003	ChenSi	F	1998	4	2	92	95	90	

图 11-4　例 11-6 程序运行结果

【说明】定义结构体数组并赋初值时，只初始化了前两个数组元素的值，第 3 个数组元素将被赋初值为 0 或空。

11.4 结构体与函数

1. 向函数传递结构体变量

函数调用时，可以将结构体变量作为实参为函数的形参单向传值，系统先为同类型的形参开辟存储空间，再将实参中各成员的值一一赋给形参中的成员，待函数调用结束，系统将释放为形参开辟的空间，所以在函数体内对形参的操作不会影响实参。

2. 向函数传递结构体变量的地址

如果需要将运算结果返回主调函数，可以将结构体变量的地址作为实参传送给形参，此时，形参应定义为同类型的指针变量，系统为该指针形参开辟存储单元，存放实参结构体变量的地址值，这样既可以提高执行效率，也可以有效修改实参结构体中的成员值。

3. 向函数传递结构体数组

若向函数传递结构体数组名，传递的是实参结构体数组的首地址，函数中对应的形参是指向结构体的指针变量，系统为该指针形参开辟存储单元，存放数组的首地址值，通过形参指针对数组进行操作，可以有效修改实参结构体数组中的成员值。

4. 函数的返回值类型是结构体

结构体类型或指向结构体变量的指针类型都可以作为函数的返回值，返回主调函数。

【例 11-7】 若某学生的记录由学号、姓名、性别、三门课程的成绩和平均分组成，现有三位同学的学号、姓名、性别、三门课程的成绩已在主函数中给出，请定义函数 Func()，使用结构体指针作为函数参数，计算平均分；再定义函数 Print()，使用结构体变量作为函数参数，输出学生信息。

例 11-7 定义以结构体指针为参数的函数

【题目分析】当系统由大量学生记录组成时，使用函数可以提高代码可读性，本题将计算和输出分别用自定义函数实现，再在主函数中通过函数调用实现其功能。

参考代码如下：

```
#include <stdio.h>
#include <string.h>
struct student
{
    int num;
    char name[20];
    char sex;
    int score[3];
    double ave;
};
typedef struct student STUDENT;
void Func( STUDENT *stu)
{
    int i, sum;
    sum = 0;
    for (i = 0; i < 3; i ++)
```

```
        sum += stu->score[i];
    stu->ave = sum * 1.0 / 3;
}
void Print( STUDENT s)
{
    printf("%d  %10s\t%c\t%d\t%d\t%d\t%.2f\n",
            s.num, s.name, s.sex,
            s.score[0], s.score[1], s.score[2], s.ave);
}
int main()
{
    int i;
    STUDENT stu[3] = { {1001, "QiLei", 'M', 89, 91, 86},
                       {1002, "QianYan", 'F', 94, 91, 92},
                       {1003, "ChenSi", 'F', 92, 95, 90}};
    for( i = 0; i <3; i ++)
        Func( &stu[i]);
    printf("显示三位学生的信息为: \n");
    for( i = 0; i <3; i ++)
        Print( stu[i]);
    return 0;
}
```

程序的运行结果如图 11-5 所示。

显示三位学生的信息为:						
1001	QiLei	M	89	91	86	88.67
1002	QianYan	F	94	91	92	92.33
1003	ChenSi	F	92	95	90	92.33

图 11-5　例 11-7 程序运行结果

11.5　单链表

使用数组存放数据时，一般会将数组空间定义得足够大，防止空间不够而溢出，但这会造成存储空间的浪费。若在数组中频繁执行插入或删除元素操作，需平均移动一半的数组元素，程序的执行效率会大大降低。编程时，可以使用链表存储结构克服上述不足。先动态分配内存空间存储数据元素，此时，数据在内存中的分布是随机的，不能反映数据间的前驱后继关系，所以还要为每个数据元素增加指针域构成结点，在指针域中存放后继结点的内存地址，这样就构成了单链表。使用单链表，既可以存储数据，也可以存储数据之间的关系，而且对数据执行插入或删除操作，只需要修改相应指针即可，能有效提高程序的执行效率。

11.5.1　单链表的概念

1. 单链表的结点

链表由"结点"组成，每个结点包含两部分：一部分为"数据域"，存放数据本身；另一部分为"指针域"，存放下一个结点的地址，如图 11-6 所示。

图 11-6　链表的结点

结点的数据域与指针域具有不同的数据类型，但又是一个整体，所以将结点定义为结构体类型，其中，指针域指向下一个结点，构成了结构体的嵌套。定义结点的语句如下：

```
struct node
{  int data;
   struct node *next;
};
typedef struct node NODE;
```

【说明】

① 自定义结构体类型 struct node。

② 数据域名为 data，值为整型；指针域名为 next，指向同为 struct node 类型的结点，值为后继结点的地址。

③ 使用 typedef 为结构体类型 struct node 起别名为 NODE。

动态生成一个结点的步骤如下。

(1) 先定义一个指向结点的指针，语句如下：

```
NODE *p;
```

(2) 再使用 malloc()函数在内存中申请一个结点，并将地址值赋给指针 p，语句如下：

```
p=(NODE *)malloc(sizeof(NODE));
```

若要动态释放一个结点，可以使用 free()函数释放动态申请的存储空间，语句如下：

```
free(p);
```

2. 单链表

将结点按指针域中地址值的指向链接在一起，可以构成链表。下面介绍最简单的单链表，如图 11-7 所示。

图 11-7　单链表

【说明】

① head 是单链表的头指针，指向单链表第一个结点的首地址，它是单链表的入口，从头指针开始，可以遍历所有结点。

② 单链表最后一个结点的指针域用空指针表示没有后继结点，编程时用 NULL 表示空指针。

③ 指向结点的指针一般使用"指针名->成员名"的方式对成员进行访问，例如 head

指针用 "head->data" 访问数据成员，用 "head->next" 访问指针域。

【例 11-8】 用单链表实现线性表(10,20,30)。

【题目分析】在单链表中，数据本身需包装成结点形式，除了存储数据之外，还需要增加指针域存储结点之间的逻辑关系。在线性表(10,20,30)中，结点的逻辑关系为线性关系，如图 11-8 所示，第一个结点没有前驱，只有唯一的一个后继；最后一个结点没有后继，只有唯一的一个前驱；其他结点只有唯一的一个前驱和一个后继。

例 11-8 单链表

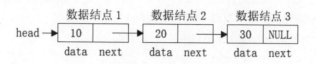

图 11-8　线性表(10,20,30)的单链表形式

参考代码如下：

```c
#include <stdio.h>
#include <stdlib.h>
struct node
{
    int data;
    struct node *next;
};
typedef struct node NODE;
int main()
{
    NODE *head, *p;
    NODE a, b, c;
    a.data = 10;    b.data = 20;    c.data = 30;
    head = &a;
    a.next = &b;    b.next = &c;    c.next = NULL;
    printf("单链表中各结点数据域的值为：\t");
    p = head;
    do
    {
        printf("%d\t", p->data);
        p = p->next;
    }while(p);
    printf("\n");
    return 0;
}
```

程序的运行结果如图 11-9 所示。

单链表中各结点数据域的值为：　　　10　　　20　　　30

图 11-9　例 11-8 程序运行结果

【说明】

① 单链表是由结点组成的，数据结点包括数据域 data 和指针域 next。

② 单链表的入口是头指针 head。

③　单链表的最后一个数据结点的指针域为 NULL。

3. 带头结点的单链表

对单链表进行增加或删除操作时，需要考虑下列情形：若在非空单链表的第一个结点前插入新结点，需在插入操作后，将头指针 head 修改为指向新的第一个结点，而在其他位置进行插入时，不需要修改头指针。若删除非空单链表的第一个结点，需先将头指针 head 指向第二个结点，再释放第一个结点，而删除非空链表的其他结点时，不需要修改头指针。为了不考虑特殊结点，简化算法，实际编程时，会在单链表前增加头结点，让头指针指向该结点，这样的单链表被称为"带头结点的单链表"。

空的带头结点的单链表如图 11-10 所示。

图 11-10　空的带头结点的单链表

非空的带头结点的单链表如图 11-11 所示。

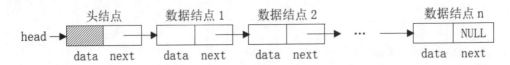

图 11-11　非空的带头结点的单链表

【说明】

①　头结点的数据域可以不存储实际数据，指针域指向第一个数据元素结点。

②　在带头结点的单链表中，无论是否为空，头指针 head 都指向头结点，这样，编程时就可以不需要判断 head 是否被修改，从而简化了对单链表的操作。

11.5.2　单链表的插入与删除

下面介绍的插入与删除操作，都是在带头结点的单链表中进行的，且只需要修改结点的指针域，不需要移动结点。

1. 插入

插入操作是指将数据元素 x 插入到带头结点的单链表中，使其位于结点 q 之后。

【实现步骤】

①　定位结点 q 在单链表中的位置。

②　生成结点 p，将其数据域设置为数据元素 x。

③　修改指针，将结点 p 插入到结点 q 之后。

观察图 11-12 所示的插入结点 p 之前的单链表，再观察图 11-13 所示的插入结点 p 之后的单链表。

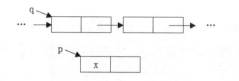

图 11-12　插入结点 p 前

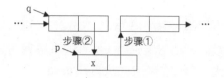

图 11-13　插入结点 p 后

将结点 p 插入到结点 q 之后，是通过修改两个指针完成的：

① p->next = q->next;

② q->next = p;

2. 删除

删除操作是指删除单链表中数据元素 x。

【实现步骤】

① 定位数据元素 x 所在结点 p 的前驱结点 q 在单链表中的位置。

② 指针 p 指向待删除结点。

③ 修改指针，从链表中移除结点 p。

④ 释放结点 p。

观察图 11-14 所示的删除结点 p 之前的单链表，再观察图 11-15 所示的删除结点 p 之后的单链表。

图 11-14　删除结点 p 前

图 11-15　删除结点 p 后

从链表中移除结点 p，是通过修改一个指针完成的：

```
q->next = p->next;
```

释放结点 p 的语句为：

```
free(p);
```

【例 11-9】　动态生成如图 11-16 所示带头结点的单链表后，在 30 后插入 40，再删除 10，操作完成后释放单链表。

图 11-16　带头结点的单链表

【题目分析】本题需先动态生成包含三个数据结点的带头结点的单链表，再参考单链表中数据结点的插入运算实现在结点 30 之后插入 40，参考单链表中数据结点的删除运算实现结点 10 的删除，最后释放动态生成的单链表空间。

按功能自定义函数如下。

```
NODE * createList();
```

功能：动态生成带头结点的单链表 head，数据从键盘输入，直到输入"-1"为止，返回值为指向该单链表的头指针 head。

```
void printList(NODE * head);
```

功能：依次输出带头结点的单链表 head 中结点的数据域。

```
void insertList(NODE * head, int x, int y);
```

功能：在带头结点的单链表 head 中，将 y 插入到 x 之后。

```
void deleteList(NODE * head, int x);
```

功能：在带头结点的单链表 head 中，删除 x。

```
void freeList(NODE * head);
```

功能：释放动态生成的带头结点的单链表 head。

参考代码如下：

```c
#include <stdio.h>
#include <stdlib.h>
typedef struct node
{
    int data;
    struct node * next;
}NODE;
NODE * createList();
void printList(NODE * head);
void insertList(NODE * head, int x,int y);
void deleteList(NODE * head, int x);
void freeList(NODE * head);
int main()
{
    NODE * head;
    printf("动态生成单链表(10,20,30)\n");
    head = createList();
    printList(head);
    printf("在 30 后面插入 40\n");
    insertList(head,30,40);
    printList(head);
    printf("删除 10\n");
    deleteList(head,10);
    printList(head);
    printf("释放单链表\n");
    freeList(head);
    printf("完成!\n");
    return 0;
}
NODE * createList()
{
```

```c
    NODE * head, * rear, * p;
    int num;
    head=(NODE *)malloc(sizeof(NODE));
    head->next = NULL;
    rear = head;
    while(1)
    {
        scanf("%d",&num);
        if(num == -1)
            break;
        p = (NODE *)malloc(sizeof(NODE));
        p->data = num;
        rear->next = p;
        rear = rear->next;
    }
    rear->next = NULL;
    return head;
}
void printList(NODE * head)
{
    NODE * p = head->next;
    while(p)
    {
        printf("%d\t",p->data);
        p = p->next;
    }
    printf("\n");
}
//在带头结点的单链表 head 中，将 y 插入到 x 之后
void insertList(NODE * head, int x,int y)
{
    NODE * p, * q;
    //遍历找到数据域为 x 的结点，用指针 p 指向该结点
    p = head->next;
    while(p)
    {
        if(p->data == x)
            break;
        else
            p = p->next;
    }
    //生成结点 q，其数据域值为 y
    q = (NODE *)malloc(sizeof(NODE));
    q->data = y;
    //将结点 q 插入到 p 之后
    q->next = p->next;
    p->next = q;
}
void deleteList(NODE * head, int x)
{
    NODE * p, * q;
    //遍历找到数据域为 x 的结点，用指针 p 指向该结点的前驱结点
    p = head;
```

```
    while(p->next->data != x)
    {
        p = p->next;
    }
    //指针 q 指向待删除结点
    q = p->next;
    //删除指针 q 指向的结点
    p->next = q->next;
    free(q);
}
void freeList(NODE * head)
{
    NODE * p;
    while(head->next)
    {
        p = head->next;
        head->next = p->next;
        free(p);
    }
    free(head);
}
```

程序的运行结果如图 11-17 所示。

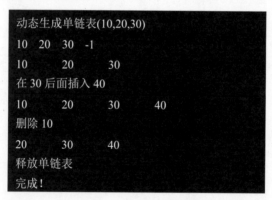

图 11-17   例 11-9 程序运行结果

11.6   共用体类型

编程时会遇到数据对象的类型有多种选择，但某一时刻只有一种数据类型起作用的情况，例如，某学生成绩管理系统中，有的课程成绩用整型描述，有的用小数描述，有的用字符描述，但某门课程只能选择某一种类型，使用共用体可以解决这个问题。

11.6.1   共用体类型的定义

共用体类型的定义格式如下：

`union 共用体名`

```
{
    数据类型  共用体成员名表1;
    数据类型  共用体成员名表2;
        ⋮
    数据类型  共用体成员名表n;
};
```

【说明】

①　union 关键字是共用体类型的标志，"共用体名"是用户自定义标识符，二者组合在一起的"union 共用体名"是用户自定义的共用体数据类型名。

②　花括号中包含 n 个共用体成员，"共用体成员名"是用户自定义标识符，若有多个相同数据类型的共用体成员，可用逗号分隔，形成"共用体成员名表"。共用体的成员名可以和程序的其他变量同名，也可以和其他共用体的成员同名。

③　共用体成员的数据类型，可以是简单数据类型，也可以是构造类型，例如结构体、共用体。

④　共用体类型的定义列出了该共用体的组成情况，系统不会为自定义的共用体类型分配任何存储空间。只有定义共用体类型的变量、数组或动态开辟的存储单元，系统才会为这些"实体"开辟空间存放共用体数据。

⑤　共用体定义的最后要以分号";"结束。

【例 11-10】　定义一个成绩类型，可能是整型、双精度浮点型、字符型，但对于一门具体课程的成绩而言，只使用其中的某一种类型。

参考代码如下：

```
union score
{
    int i;
    double d;
    char c;
};
typedef union score SCORE;
```

【说明】

①　共用体类型的定义和结构体类型的定义非常类似。

②　用户自定义共用体类型，名为 union score，使用 typedef 为 union score 起别名为 SCORE。

11.6.2　共用体变量

用户自定义共用体类型可以和其他数据类型一样，定义共用体变量，或定义出更复杂的共用体数组、共用体指针等，下面将介绍最简单的共用体变量。

定义共用体变量的格式如下：

```
共用体类型名   变量名;
```

以例 11-10 中定义的共用体类型为例，定义变量 sc 的语句如下：

```
union score sc;
```

或

```
SCORE sc;
```

编译时，系统按每个成员所占内存的最大值分配空间，所有成员共享这段空间。

例如，变量 sc 的成员 i 是整型，占 4 字节，成员 d 是双精度浮点型，占 8 字节，成员 c 是字符型，占 1 字节，三个成员中，占内存空间最大的是成员 d，系统将为共用体变量 sc 开辟 8 字节的空间，三个成员共享这段空间，如图 11-18 所示。

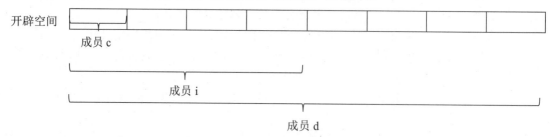

图 11-18　变量 sc 成员使用内存空间示意图

当多个成员共享存储空间时，某一时刻只能存放某一个成员的值，即每次只能有一个成员起作用，若多次赋值，只有最后一次赋值有效。

【说明】

①　共用体类型的成员在内存中共享存储空间，该空间大小按成员所占字节数的最大值分配。

②　结构体类型的成员在内存中分别占用独立的存储空间，结构体变量的空间大小是各成员所占字节数的总和。

11.6.3　共用体变量成员的引用

由于共用体变量的成员共享空间，每次只有一个成员有效，所以一般对其成员单独进行访问，格式如下：

```
共用体变量名 . 成员名
```

例如，对共用体类型 union score 的变量 sc 可执行下列操作：

```
sc.i = 89;
sc.c = 'B';
sc.d = 86.31;
```

【说明】

①　上述三条赋值语句执行后，sc 共用体的有效数据是最后一次赋值的 sc.d，只能引用成员 d 的值，其他值被覆盖。

②　当定义共用体变量的同时赋初值时，只能初始化第一个成员，例如：

```
SCORE sc = { 89 };                 //正确
SCORE sc = { 89, 'B', 86.31 };     //错误
```

③　先定义共用体变量，之后再赋值时，不能使用花括号整体赋值，例如：

```
sc = { 89, 'B', 86.31 };                    //错误
```

【例 11-11】 某学生的记录由学号、姓名、三门课程的成绩组成,现有三位同学的信息如表 11-3 所示,请使用数组实现三位学生的信息从键盘输入后,输出到显示器。

例 11-11 共用体

表 11-3　学生记录信息表

	学　号	姓　名	成绩 1	成绩 2	成绩 3
第 1 位学生	1001	QiLei	89	B	86.31
第 2 位学生	1002	QianYan	94	A	92.46
第 3 位学生	1003	ChenSi	92	A	90.03

【题目分析】 本题中,如何表示三门课程的成绩是难点,以第 1 位学生的成绩为例,第一门课程用整数 89 表示,第二门课程用字符 'B' 表示,第三门课程用小数 86.31 表示,遇到这种虽有多种选择,但某一门课只能使用其中一种类型的情形,可以使用共用体。

参考代码如下:

```c
#include <stdio.h>
#include <string.h>
union score
{
    int i;
    double d;
    char c;
};
typedef union score SCORE;
struct student
{
    int num;
    char name[20];
    SCORE score[3];
};
typedef struct student STUDENT;
int main()
{
    STUDENT stu[3];
    int i;
    printf("请输入三位学生的信息:\n");
    for( i = 0; i < 3; i ++)
    {
        scanf("%d%s%d%c%lf", &stu[i].num, stu[i].name,
            &stu[i].score[0].i, &stu[i].score[1].c, &stu[i].score[2].d);
    }
    printf("您输入的学生信息为: \n");
    for( i = 0; i < 3; i ++)
    {
        printf("%d  %10s\t%d\t%c\t%.2f\n", stu[i].num, stu[i].name,
```

```
            stu[i].score[0].i , stu[i].score[1].c, stu[i].score[2].d);
    }
    return 0;
}
```

程序的运行结果如图 11-19 所示。

```
请输入三位学生的信息:
1001 QiLei 89B86.31
1002 QianYan 94A92.46
1003 ChenSi 92A90.03
您输入的学生信息为:
1001        QiLei         89        B         86.31
1002        QianYan       94        A         92.46
1003        ChenSi        92        A         90.03
```

图 11-19   例 11-11 程序运行结果

本 章 小 结

编程时，C 语言允许用户根据实际需要自定义新的数据类型以描述复杂的数据对象。本章主要讲解了结构体与共用体的相关知识，以及使用 typedef 为数据类型起别名的方法。结构体可以将不同类型的成员组合成一个有机整体，需要掌握结构体类型的定义、变量的定义、变量成员的引用，了解结构体与指针、数组、函数结合可以执行的操作。单链表是结构体的重要应用，需要了解单链表的定义与基本操作。共用体可以让不同类型的成员共用一段存储空间，需要理解共用体类型的定义、共用体变量的定义与使用。

自 测 题

一、单选题

1. 有如下定义:

```
struct person
{
    char  name[9];
    int   age;
};
struct person class[10]={"John",17,"Paul",19,"Mary",18,"Adam",16};
```

根据上述定义，能输出字母 M 的语句是(   )。

    A. printf("%c\n",class[3].name[0]);   B. printf("%c\n",class[3].name[1]);

    C. printf("%c\n",class[2].name[1]);   D. printf("%c\n",class[2].name[0]);

2. 设有以下说明语句:

```
struct ex
```

```
{
    int x;
    float y;
    char  z;
}example;
```

则下面的叙述中不正确的是(   )。

    A. struct 是结构体类型的关键字   B. example 是结构体类型名

    C. x，y，z 都是结构体成员名   D. struct ex 是结构体类型

3. 设有如下定义：

```
struct sk
{
    int a;
    float b;
}data;
int *p;
```

若要使 p 指向 data 中的 a 域，正确的赋值语句是(   )。

    A. p=&a;   B. p=data.a;   C. p=&data.a;   D. *p=data.a;

4. 设有如下定义：

```
struct ss
{
    char name[10];
    int age;
    char sex;
}std[3],*p=std;
```

下面各输入语句中错误的是(   )。

    A. scanf("%d",&(*p).age);   B. scanf("%s",&std.name);

    C. scanf("%c",&std[0].sex);   D. scanf("%c",&(p->sex));

5. 若有以下定义和语句：

```
union date
{
    int i;
    char c;
    float f;
}x;
int y;
```

则以下语句正确的是(   )。

    A. x=10.5;   B. x.c=101;

    C. y=x;   D. printf("%d\n",x);

6. 有以下程序：

```
#include <stdio.h>
struct tt
{
    int  x;
```

```
    struct tt *y;
}*p;
struct tt a[4]={20,a+1,15,a+2,30,a+3,17,a};
int main()
{
    int i;
    p=a;
    for(i=1;i<=2;i++)
    {
        printf("%d,",p->x);
        p=p->y;
    }
    return 0;
}
```

程序的运行结果是(   )。

  A. 20,30,   B. 30,17,   C. 15,30,   D. 20,15,

7. 设有定义:

```
struct complex
{
    int real,unreal;
}data1={1,8},data2;
```

则以下赋值语句错误的是(   )。

  A. data2=data1;   B. data2=(2,6);

  C. data2.real=data1.real;   D. data2.real=data1.unreal;

8. 若有定义:

```
typedef  int*  T;
T  a[10];
```

则 a 的定义与下面哪个语句等价? (   )

  A. int *a;   B. int (*a)[10];   C. int *a[10];   D. int a[10];

9. 若已建立如图 11-20 所示的单链表结构,指针 p、s 分别指向图中对应结点,下列语句组中,不能将 s 所指结点插入到链表末尾仍构成单向链表的是(   )。

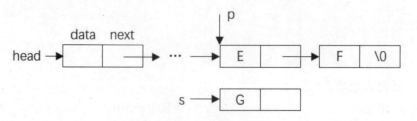

图 11-20 单链表结构

  A. p=p->next; s->next=p; p->next=s;

  B. p=p->next; s->next=p->next; p->next=s;

  C. s->next=NULL; p=p->next; p->next=s;

D. p=(*p).next; (*s).next=(*p).next; (*p).next=s;

10. 若已建立如图 11-21 所示的单链表结构，指针 p、q 分别指向图中对应结点，则以下可以将 q 所指结点从链表中删除并释放该结点的语句组是(　　)。

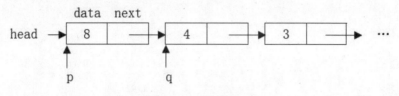

图 11-21　单链表结构

A. free(q); p->next=q->next;　　　　　B. (*p).next=(*q).next; free(q);

C. q=(*q).next; (*p).next=q; free(q);　　D. q=q->next; p->next=q; p=p->next; free(p);

二、填空题

1. 有以下程序:

```
#include <stdio.h>
struct  tt
{
    int x;
    struct tt *y;
}s[3]={1,0,2,0,3,0};
int main()
{
    struct tt *p=s+1;
    p->y=s;
    printf("%d,",p->x);
    p=p->y;
    printf("%d\n",p->x);
    return 0;
}
```

程序运行后的输出结果是_____。

2. 有以下程序:

```
#include <stdio.h>
int main()
{
    struct  cm
    {
        int x;
        int y;
    }a[2]={4,3,2,1 };
    printf("%d\n",a[0].y/a[0].x*a[1].x);
    return 0;
}
```

程序运行后的输出结果是_____。

3. 有以下程序:

```
#include <stdio.h>
struct HAR
{
    int x,y;
    struct HAR *p;
}h[2];
int main()
{
    h[0].x=1;
    h[0].y=2;
    h[1].x=3;
    h[1].y=4;
    h[0].p=&h[1];
    h[1].p=h;
    printf("%d%d\n",(h[0].p)->x,(h[1].p)->y);
    return 0;
}
```

程序运行后的输出结果是_____。

三、编程题

1. 自定义结构体类型，保存学生信息，包括: 学号、姓名、性别、英语成绩、数学成绩、计算机成绩、三门课程的总分。使用结构体数组保存不超过 20 位学生的信息，其中，学生的学号、姓名、性别、三门课程的成绩由键盘输入。请计算出三门课程的总分并输出每位学生的信息。

2. 已知 head 指向一个带头结点的单链表，链表中的每个结点包括数据域 data 和指针域 next，其中数据域值为正整数。请编写函数，由函数值返回单链表中所有结点数据域的最大值，若为空链表则返回值-1。

第 **12** 章

位运算

12.1 位运算符

C 语言提供了按位取反、按位与、按位或、按位异或、按位左移、按位右移共 6 种位运算符。

12.1.1 按位取反

"按位取反"是单目运算符，运算规则是对操作的运算数按位取反，0 取反为 1，1 取反为 0，如表 12-1 所示。

表 12-1　按位取反运算规则

a	~a
0	1
1	0

【例 12-1】 分析输出的结果。

```c
#include <stdio.h>
int main()
{
    unsigned char a = 2;
    printf("%d\n",~a);
    return 0;
}
```

例 12-1 位运算按位取反

程序的运行结果如图 12-1 所示。

253

图 12-1　例 12-1 程序运行结果

【结果分析】char 类型的变量占 1 个字节，unsigned 是无符号的意思，即最高位是数值位，则 a 的二进制表示为 00000010，取反操作结果为 11111101，调用 printf()函数，用%d 显示其十进制值为 253。

12.1.2 按位与

"按位与"是双目运算符，运算规则是参与运算的两个运算数，对应二进制位上的值有一个为 0，则"按位与"的结果为 0，只有对应位的值都为 1，结果才为 1，如表 12-2 所示。

表 12-2　按位与运算规则

a	b	a & b
0	0	0
0	1	0
1	0	0
1	1	1

【例 12-2】 分析输出的结果。

```
#include <stdio.h>
int main()
{
    unsigned char a = 11, b = 6, c;
    c = a & b;
    printf("%d\n",c);
    return 0;
}
```

程序的运行结果如图 12-2 所示。

图 12-2　例 12-2 程序运行结果

【结果分析】a 的二进制表示为 00001011，b 的二进制表示为 00000110，按位与运算如下所示。

```
      00001011
&     00000110
      00000010
```

调用 printf()函数，用%d 显示其十进制值为 2。

【说明】按位与可以将操作数中的若干位数据置 0，其他位不变。

12.1.3　按位或

“按位或”是双目运算符，运算规则是参与运算的两个运算数，对应二进制位上的值有一个为 1，则“按位或”的结果为 1，只有对应位的值都为 0，结果才为 0，如表 12-3 所示。

表 12-3　按位或运算规则

a	b	a | b
0	0	0
0	1	1
1	0	1
1	1	1

【例 12-3】 分析输出的结果。

```
#include <stdio.h>
int main()
{
    unsigned char a = 11, b = 6, c;
    c = a | b;
    printf("%d\n",c);
    return 0;
}
```

程序的运行结果如图 12-3 所示。

```
15
```

图 12-3　例 12-3 程序运行结果

【结果分析】a 的二进制表示为 00001011，b 的二进制表示为 00000110，按位或运算如下所示。

```
  00001011
| 00000110
  00001111
```

调用 printf()函数，用%d 显示其十进制值为 15。

【说明】按位或可以将操作数中的若干位数据置 1，其他位不变。

12.1.4　按位异或

"按位异或"是双目运算符，运算规则是参与运算的两个运算数，若对应二进制位上的值不相同，则"按位异或"的结果为 1，若相同，则结果为 0，如表 12-4 所示。

表 12-4　按位异或运算规则

a	b	a ^ b
0	0	0
0	1	1
1	0	1
1	1	0

【例 12-4】　分析输出的结果。

```c
#include <stdio.h>
int main()
{
    unsigned char a = 11, b = 6, c;
    c = a ^ b;
    printf("%d\n",c);
    return 0;
}
```

程序的运行结果如图 12-4 所示。

```
13
```

图 12-4　例 12-4 程序运行结果

【结果分析】a 的二进制表示为 00001011，b 的二进制表示为 00000110，按位异或运算如下所示。

```
  00001011
^ 00000110
```

```
    00001101
```

调用 printf() 函数，用%d 显示其十进制值为 13。

【说明】按位异或可以将操作数中的若干位数值翻转，例如，某位与 0 异或，结果为其原值，与 1 异或，结果与原值相反。

12.1.5　按位左移

"按位左移"是双目运算符，运算符左侧是运算数，右侧是左移的位数，运算规则是对运算数按位向左移动相应位数，左侧移出部分舍弃，右侧补 0。

【例 12-5】　分析输出的结果。

```c
#include <stdio.h>
int main()
{
    unsigned char a = 11;
    printf("%d\n", a << 3);
    return 0;
}
```

程序的运行结果如图 12-5 所示。

88

图 12-5　例 12-5 程序运行结果

【结果分析】a 的二进制表示为 00001011，向左移动 3 位后，值为 01011000，调用 printf 函数，用%d 显示其十进制值为 88。

【说明】

①　若左移时，移出部分不包含有效二进制数 1，则每左移 1 位，相当于原数乘以 2。

②　负数在计算机内需用补码表示。

12.1.6　按位右移

"按位右移"是双目运算符，运算符左侧是运算数，右侧是右移的位数，运算规则是对运算数按位向右移动相应位数，右侧移出部分舍弃，左侧保持原运算符的符号，若运算数为正整数或无符号整数，则高位补 0，若运算数为负整数，则高位补 1。

【例 12-6】　分析输出的结果。

```c
#include <stdio.h>
int main()
{
    unsigned char a = 11;
    printf("%d\n", a >> 3);
    return 0;
}
```

程序的运行结果如图 12-6 所示。

1

图 12-6　例 12-6 程序运行结果

【结果分析】a 的二进制表示为 00001011，向右移动 3 位后，值为 00000001，调用 printf 函数，用%d 显示其十进制值为 1。

【说明】

① 若右移时，移出部分不包含有效二进制数 1，则每右移 1 位，相当于原数除以 2。

② 负数在计算机内需用补码表示。

12.2　位运算表达式

位运算符的优先级从高到低排列如表 12-5 所示。

表 12-5　位运算符

优先等级	运 算 符	功 能	运 算 数	结合方向
高	~	按位取反	单目运算	从右向左
	<<	按位左移	双目运算	从左向右
	>>	按位右移	双目运算	从左向右
	&	按位与	双目运算	从左向右
	^	按位异或	双目运算	从左向右
低	|	按位或	双目运算	从左向右

若进行位运算的运算数位数不同，系统会先将运算数的右端对齐，再将位数短的运算数向高位扩充，无符号数和正整数左侧用 0 补全，负数用 1 补全，然后再对位数相等的运算数按位运算。

【例 12-7】　分析输出的结果。

```c
#include <stdio.h>
int main()
{
    unsigned char a = 2, b = 4, c, d;
    c = a^(b<<2);
    d = a | b;
    d &= c;
    printf("%d\n", d);
    return 0;
}
```

程序的运行结果如图 12-7 所示。

2

图 12-7　例 12-7 程序运行结果

【结果分析】

① 变量 a 的二进制表示为 00000010，变量 b 的二进制表示为 00000100。

② 执行语句 c = a^(b<<2)，先计算 b<<2，结果为 00010000；再计算 a^(b<<2)，如下

所示。

```
  00000010
^ 00010000
  00010010
```

语句 c = a^(b<<2)将 a^(b<<2)的值 00010010 赋给变量 c。

③ 执行语句 d = a | b，计算 a|b，如下所示。

```
  00000010
| 00000100
  00000110
```

语句 d = a | b 将 a | b 的值 00000110 赋给变量 d。

④ 执行语句 d &= c，等价于 d = d & c；计算 d & c，如下所示。

```
  00000110
& 00010010
  00000010
```

语句 d = d & c 将 d & c 的值 00000010 赋给变量 d。

⑤ 调用 printf()函数，用%d 显示变量 d 的十进制值为 2。

本 章 小 结

本章主要讲解了 C 语言中二进制位的运算，它是 C 语言兼具高级语言与汇编语言优点的体现，只适用于整型或字符型数据。C 语言提供了 6 种位运算符，需要掌握各运算符的操作数个数、优先级及结合方式，了解位运算的适用场合。

自 测 题

一、单选题

1. 下面选项中关于位运算的叙述正确的是(　　)。

    A. 右移运算时，高位总是补 0

    B. 位运算符都需要两个操作数

    C. 左移运算的结果总是原操作数的 2 倍

    D. 位运算的对象只能是整型或字符型数据

2. 下面关于位运算符的叙述，正确的是(　　)。

    A. &表示"按位与"的运算　　　　　　B. #表示"按位异或"的运算

    C. ||表示"按位或"的运算　　　　　　D. ~表示"按位异或"的运算

3. 若要通过位运算使整型变量 a 中的各位数字全部清零，以下选项正确的是(　　)。

    A. a=a^0;　　　　B. a=a|0;　　　　C. a=a&0;　　　　D. a=!a;

4. 设有定义语句：char c1=92,c2=92，则以下表达式中值为零的是(　　)。

    A. c1^c2　　　　B. c1&c2　　　　C. ~c2　　　　D. c1|c2

5. 变量 a 中的数据用二进制表示的形式是 01011101，变量 b 中的数据用二进制表示的形式是 11110000。若要求将 a 的高 4 位取反，低 4 位不变，所要执行的运算是(　　)。

  A. a^b   B. a|b   C. a&b   D. a<<4

6. 有以下程序：

```c
#include <stdio.h>
int main()
{
    int a=12,c;
    c=(a<<2)<<1;
    printf("%d\n",c);
    return 0;
}
```

程序运行后的输出结果是(　　)。

  A. 3   B. 50   C. 2   D. 96

7. 有以下程序：

```c
#include <stdio.h>
int main()
{
    char c='A';
    int x=36,b;
    b = (x>>2) && (c<'a');
    printf("%d\n",b);
    return 0;
}
```

程序运行后的输出结果是(　　)。

  A. 2   B. 0   C. 1   D. 4

8. 有以下程序：

```c
#include <stdio.h>
int main()
{
    int a=64,b=8;
    printf("%d,%d\n",(a&b)||(a&&b),(a|b)&&(a||b));
    return 0;
}
```

程序运行后的输出结果是(　　)。

  A. 1,1   B. 1,0   C. 0,1   D. 0,0

9. 有以下程序：

```c
#include <stdio.h>
int main()
{
    int x=3,y=5;
    x=x^y;
    y=x^y;
    x=x^y;
    printf( "%d,%d\n",x,y);
    return 0;
}
```

程序运行后的输出结果是(　　)。

   A. 3,5 　　　　　　B. 5,3 　　　　　　C. 35,35 　　　　　D. 8,8

10. 有以下程序:

```
#include <stdio.h>
int main()
{
    int x=040;
    printf("%o\n",x<<1);
    return 0;
}
```

程序运行后的输出结果是(　　)。

   A. 100 　　　　　　B. 80 　　　　　　C. 64 　　　　　D. 32

二、填空题

1. 有以下程序:

```
#include <stdio.h>
int main()
{
    unsigned char a=8,c;
    c=a>>3;
    printf("%d\n",c);
    return 0;
}
```

程序运行后的输出结果是_____。

2. 若有以下程序:

```
#include <stdio.h>
int main()
{
    int  c;
    c= 10^5;
    printf("%d\n", c);
    return 0;
}
```

则程序的输出结果是_____。

3. 有以下程序:

```
#include <stdio.h>
int main()
{
    int a=2,b=2,c=2;
    printf("%d\n",a/b&c);
    return 0;
}
```

程序运行后的输出结果是_____。

第 13 章

文件

本章要点

◎ 文件的相关概念

◎ 文件的打开与关闭

◎ 文件数据的读写

学习目标

◎ 了解文件及其分类

◎ 理解文件指针的作用

◎ 掌握文件的打开与关闭

◎ 掌握读写文件数据的函数

13.1 文件概述

C 语言为了实现人机交互,提供了 scanf()函数将数据从键盘输入到计算机,printf()函数将数据从计算机内部输出到显示器。但是,当数据量较大时,每次都需要从键盘输入数据,烦琐且易出错,而且只有运行程序,才能在显示器上观察到结果,显然是不合适的。本章介绍的 C 语言文件,将数据以文件的形式保存在外存中,运行程序时,可以从文件中读取数据,也可以将运行结果写入到文件中保存。

13.1.1 文件的分类

文件是将数据按某种方式组织起来的数据流,可以理解为数据的集合。

从用户的角度来看,文件通常是永久驻留在磁盘或其他外部介质中,在使用时才调入内存的数据,这样的文件称为磁盘文件。但操作系统为了统一对硬件的操作,将与主机相连的外部设备也看作文件,对它们的操作与对磁盘文件一样,这样的文件称为设备文件。

例如,可将显示器定义为标准输出文件,调用 printf()函数可以实现向该文件(即显示器)写入数据;将键盘定义为标准输入文件,调用 scanf()函数可以实现从该文件(即键盘)读取数据。常见的硬件设备对应的文件,如表 13-1 所示。

表 13-1 常见的硬件设备所对应的设备文件

文 件	硬件设备
stdin	标准输入文件,一般指键盘。scanf()、getchar()等函数默认从 stdin 获取数据
stdout	标准输出文件,一般指显示器。printf()、putchar()等函数默认向 stdout 输出数据
stderr	标准错误文件,一般指显示器。perror()等函数默认向 stderr 输出数据
stdprn	标准打印文件,一般指打印机

针对文件可执行两种操作——"读"或"写",如果将数据从文件读取至内存中,这个过程称为读取文件,如果将数据从内存存放至文件中,这个过程称为写入文件。在 C 语言中,对文件的读取与写入都是按"数据流"的形式进行的,从文件读取数据时,系统将逐一读入数据直到文件结束标志为止,向文件写入数据时,系统不添加任何信息。

根据文件中数据流的编码方式,可将数据以文本形式或二进制形式存放在外存中,对应的文件称为文本文件或二进制文件。文本文件又称为 ASCII 码文件,它是字符的序列,文件中的内容是数据的 ASCII 码字符形式;二进制文件是字节的序列,文件中的内容是其在内存中的二进制形式。

例如,short 类型的整数 10000,在文本文件中占 5 个字节,存储内容为字符'1''0''0''0''0'的 ASCII 码,其中,'1'的 ASCII 码为十进制数值 49,对应二进制数值为 00110001,'0'的 ASCII 码为十进制数值 48,对应二进制数值为 00110000,存储形式如图 13-1 所示。

short 类型的整数 10000,在二进制文件中的存储内容为 10000 的二进制数值 10011100010000,共占用 2 个字节,高位用 0 填充后,存储形式如图 13-2 所示。

'1'	'0'	'0'	'0'	'0'
00110001	00110000	00110000	00110000	00110000

图 13-1　short 类型的整数 10000 在文本文件中的存储形式

00100111	00010000

图 13-2　short 类型的整数 10000 在二进制文件中的存储形式

13.1.2　文件指针

　　C 语言操作文件时，会在内存中开辟一段缓冲区。当数据写入文件时，系统先将数据填入缓冲区中，每当缓冲区被填满，其中的内容会一次性写入文件；当从文件读取数据时，系统先从文件读取一批数据放入缓冲区中，由读取语句从该缓冲区中依次读取，当数据被读完，再从文件中读取一批数据放入。使用缓冲区，可以提高文件的写入与读取效率，不必频繁地访问外设。

　　其实，用户并不需要了解文件操作中数据的读取或写入的硬件实现过程，C 语言提供了一个包含文件基本信息的结构体类型 FILE，用户对文件的操作，都是通过指向 FILE 类型的指针进行的。FILE 类型的定义保存在 stdio.h 文件中，内容如下：

```
struct _iobuf
{
    char *_ptr;              //下一次读取或写入的地址
    int  _cnt;              //缓冲区剩余大小
    char *_base;            //缓冲区的起始地址
    int  _flag;            //文件流的状态
    int  _file;            //文件描述符
    int  _charbuf;          //双字节缓冲，缓冲 2 个字节
    int  _bufsiz;          //缓冲区的大小
    char *_tmpfname;        //临时文件名
};
typedef struct _iobuf FILE;
```

【说明】

①　用户对文件进行操作时，必须先定义一个指向 FILE 类型的文件指针，格式如下：

```
FILE * fp;
```

②　为文件指针 fp 赋值，可将 fp 指向具体的 FILE 类型变量，通过获取文件相关信息，对文件进行读写操作。

③　文件指针是文件操作的基础与关键。

13.2　文件的打开与关闭

　　在 C 语言中，对文件操作的过程可以分解为 4 个步骤。

①　定义文件指针。

②　打开文件。

③ 对文件进行读写操作。

④ 关闭文件。

文件的打开与关闭功能是通过调用库函数 fopen() 与 fclose() 实现的。

1. 文件的打开

C 语言提供了 fopen() 函数实现文件的打开，函数原型如下：

```
FILE * fopen(char *filename, char *mode);
```

【说明】

① 字符串 filename 为文件的位置，可以是相对地址，也可以是绝对地址。

② 字符串 mode 为文件的打开方式，具体取值如表 13-2 所示。

表 13-2 文件的打开方式

文件打开方式	含　义
r	以只读方式打开一个文本文件，该文件必须已经存在
w	以只写方式打开一个文本文件，若该文件已存在，则清除原内容重新写入，若该文件不存在，则新建该文件
a	以只写方式打开一个文本文件，若该文件已存在，则在文件尾部追加写入，若该文件不存在，则新建该文件
r+	以读/写方式打开一个文本文件，该文件必须已经存在
w+	以读/写方式打开一个文本文件，若该文件已存在，则清除原内容重新写入，若该文件不存在，则新建该文件
a+	以读/写方式打开一个文本文件，若该文件已存在，则在文件尾部追加写入，若该文件不存在，则新建该文件
rb	以只读方式打开一个二进制文件，该文件必须已经存在
wb	以只写方式打开一个二进制文件，若该文件已存在，则清除原内容重新写入，若该文件不存在，则新建该文件
ab	以只写方式打开一个二进制文件，若该文件已存在，则在文件尾部追加写入，若该文件不存在，则新建该文件
rb+	以读/写方式打开一个二进制文件，该文件必须已经存在
wb+	以读/写方式打开一个二进制文件，若该文件已存在，则清除原内容重新写入，若该文件不存在，则新建该文件
ab+	以读/写方式打开一个二进制文件，若该文件已存在，则在文件尾部追加写入，若该文件不存在，则新建该文件

③ 函数的返回值类型为指向 FILE 类型的指针，如果文件打开失败，则返回值为空指针 NULL。由于文件不存在、磁盘空间满等原因，文件可能会打开失败，因此，调用 fopen() 函数打开文件后，需要进行判断，确保打开成功再执行后续操作。例如：

```
FILE * fp = fopen("F:\\test1.txt","w");
if( fp == NULL)
{
    printf("文件打开失败! \n");
```

```
    exit(1);
}
```

注意：调用 exit()函数时，必须包含 stdlib.h 头文件。

④ 通过 fopen()函数，可以使文件指针 fp 与具体文件建立联系。

2. 文件的关闭

C 语言提供了 fclose()函数实现文件的关闭，以上例中文件指针 fp 为例，fclose()函数的调用语句为：

```
fclose(fp);
```

【说明】

① fp 是打开文件时与该文件建立联系的文件指针。

② 通过 fclose()函数，可以将文件指针 fp 与具体文件的联系切断。

13.3 文件的结束标志

1. 文本文件的结束标志 EOF

在 stdio.h 文件中，对 EOF 的定义如下：

```
#define  EOF  (-1)
```

这是一个常量符号的定义命令，在预编译阶段，该语句后所有的 EOF 都会被替换为-1。

在文本文件中，数据是以 ASCII 码字符的形式存放的，因为 ASCII 码值的范围是 0～127，不可能出现-1，所以 EOF 可以作为文本文件的结束标志。

2. feof()函数

在二进制文件中，数据是按其在内存中的二进制形式存放的，可能出现数据值为-1，所以 EOF 不能作为二进制文件的结束标志。

C 语言提供了 feof()函数判断文件是否结束，如果遇到文件结束，函数 feof()的返回值为 1，否则返回值为 0。feof()函数的调用格式为：

```
feof ( fp )
```

feof()函数既可以用来判断二进制文件是否结束，也可以判断文本文件是否结束。

13.4 文件位置指针的定位

文件的位置指针是指打开文件后，在文件内部移动的指针，C 语言提供了关于文件位置指针的操作函数，通过调用这些函数可以控制文件的位置指针，实现对文件的随机读写。

1. rewind()函数

rewind()函数可以将文件的位置指针移动到文件开头，函数原型如下：

```
void rewind ( FILE * fp );
```

2. fseek()函数

fseek()函数可以移动文件的位置指针,函数原型如下:

```
int fseek ( FILE * fp, long offset, int origin );
```

【说明】

① fp 是文件指针。

② offset 是以字节为单位的位移量,是长整型数。

③ origin 是位移的起始点,既可以用数字表示,也可以用标识符表示,对应关系如表 13-3 所示。

表 13-3 文件的位置指针起始点的标识符和对应的数字

起 始 点	标 识 符	数 字
文件开始	SEEK_SET	0
文件的当前位置	SEEK_CUR	1
文件末尾	SEEK_END	2

对于二进制文件,当位移量为正整数时,文件的位置指针从起始点开始向文件的尾部移动;当位移量为负整数时,文件的位置指针从起始点开始向文件的首部移动。假设 fp 指向一个二进制文件,以下函数调用语句可以使文件的位置指针从文件的末尾向前移动 20 个 int 类型的数据:

```
fseek ( fp, -20L*sizeof(int), SEEK_END );
```

对于文本文件,位移量只能是 0,通过设置起始点,将文件的位置指针移动到文件的开始或末尾。假设 fp 指向一个文本文件,以下函数调用语句可以使文件的位置指针移动到文件的末尾:

```
fseek ( fp, 0L, SEEK_END );
```

13.5 文件的读写

文件正常打开后,可以对文件进行读写操作。C 语言提供了 4 组文件读写函数,分别为字符读写函数 fgetc()与 fputc()、字符串读写函数 fgets()与 fputs()、格式化读写函数 fscanf()与 fprintf()、块数据读写函数 fread()与 fwrite(),其中块数据读写是对二进制文件的操作,其他 3 组是对文本文件的操作。

13.5.1 字符读写

1. fgetc()函数

fgetc()可以理解为 get char from file,函数原型如下:

```
int fgetc( FILE *fp);
```

函数功能:从 fp 指定的文件中读取位置指针指向的字符。如果成功,位置指针自动后移，并返回读取的字符；否则返回 EOF。

2. fputc()函数

fputc()可以理解为 put char to file，函数原型如下：

```
int fputc( int ch, FILE *fp);
```

函数功能：将字符 ch 写入到 fp 指定的文件中。如果成功，位置指针自动后移，并返回 ch；否则返回 EOF。

【例 13-1】 从键盘输入以#结束的数据，保存至 F:\test1.txt 中，再从该文件读取数据到显示器中。

【题目分析】本题涉及两组数据的读取：一组为人机交互时，调用 getchar()函数从键盘输入一个字符，调用 putchar()函数在显示器中显示一个字符；另一组为文件的写入与读取，调用 fputc()函数将数据按字符存入文件中，调用 fgetc()函数从文件中读取一个字符。

例 13-1 文件的字符读写

参考代码如下：

```c
#include <stdio.h>
#include <stdlib.h>
int main()
{
    FILE *fpIn, *fpOut;
    char ch;
    fpIn = fopen("F:\\test1.txt","w");
    if(fpIn == NULL)
    {
        printf("文件打开失败! \n");
        exit(1);
    }
    printf("从键盘输入数据(以#结束):\n");
    while( (ch = getchar()) != '#')
        fputc(ch,fpIn);
    fclose(fpIn);
    fpOut = fopen("F:\\test1.txt","r");
    if(fpOut == NULL)
    {
        printf("文件打开失败!\n");
        exit(1);
    }
    printf("从文件读取数据在显示器输出:\n");
    while( (ch = fgetc(fpOut)) != EOF)
        putchar(ch);
    putchar('\n');
    fclose(fpOut);
    return 0;
}
```

程序的运行结果如图 13-3 所示。

```
从键盘输入数据(以#结束):
fputc_fgetc 文件中字符的读取#
从文件读取数据在显示器输出:
fputc_fgetc 文件中字符的读取
```

图 13-3　例 13-1 程序运行结果

F 盘 test1.txt 文件中的内容如图 13-4 所示。

图 13-4　文件内容

13.5.2　字符串读写

1. fgets()函数

fgets()可以理解为 get string from file，函数原型如下:

```
char * fgets(char *str, int n, FILE *fp);
```

函数功能: 从 fp 指定的文件中位置指针开始，读出 n-1 个字符送入以 str 为起始地址的空间。如果未读满 n-1 个字符，读到一个换行符或 EOF，则结束读取操作，读入字符串的最后包含读到的换行符。读入结束后，系统将自动在读入的数据最后加 '\0'。如果成功，位置指针自动后移，并返回 str 的值；否则返回 NULL。

2. fputs()函数

fputs()可以理解为 put string to file，函数原型如下:

```
int fputs( const char *str, FILE *fp);
```

函数功能: 将字符串 str 写入 fp 指定的文件中。注意: 字符串最后的 '\0' 不写入文件，也不自动加 '\n'。如果成功，位置指针自动后移，并返回一个非负整数；否则返回 EOF。

【例 13-2】 从键盘输入以#结束的数据，保存至 F:\test2.txt 中，再从该文件读取数据到显示器中阅读。

【题目分析】本题涉及两组数据的读取：一组为人机交互时，调用 gets()函数从键盘输入数据，调用 puts()函数在显示器中显示数据；另一组为文件的写入与读取，调用 fputs()函数将数据按字符串存入文件中，调用 fgets()函数将字符串从文件中读取出来。

参考代码如下:

```
#include <stdio.h>
#include <stdlib.h>
#define N 100
int main()
```

```
{
    FILE *fp;
    char str[N];
    fp = fopen("F:\\test2.txt","a+");
    if(fp == NULL)
    {
        printf("文件打开失败！\n");
        exit(1);
    }
    printf("从键盘输入数据串(以#结束):\n");
    gets(str);
    fputs(str, fp);
    rewind(fp);
    printf("从文件读取数据在显示器输出:\n");
    fgets(str, N, fp);
    puts(str);
    fclose(fp);
    return 0;
}
```

程序的运行结果如图 13-5 所示。

```
从键盘输入数据串(以#结束):
fputs_fgets 文件中字符串的读取#
从文件读取数据在显示器输出:
fputs_fgets 文件中字符串的读取#
```

图 13-5　例 13-2 程序运行结果

F 盘 test2.txt 文件中的内容如图 13-6 所示。

图 13-6　文件内容

【说明】

①　调用 gets()从键盘读入字符串(包括空格符)时，以读入一个换行符为止。本题中"从键盘输入字符串(以#结束)"的'#'将作为输入数据的一部分。

②　调用 fputs()函数后，需调用 rewind()函数，将文件的位置指针移动到文件开头。

13.5.3　格式化读写

1. fscanf()函数

fscanf()可以理解为 scanf from file。fscanf()函数与 scanf()函数类似，从文本文件中按格式读取数据，fscanf()函数的调用格式如下：

```
fscanf ( FILE * fp, const char * format，地址列表 );
```

其中，fp 是文件指针，format 是格式控制字符串，"地址列表"为从文件读取的数据存放到内存中的地址。

函数功能：按指定格式从 fp 指定的文件中读取数据。

若文件指针指向标准输入文件 stdin(一般指键盘)，则下面两个语句是等价的：

```
fscanf(stdin, "%d%d", &x, &y);
scanf("%d%d", &x, &y);
```

注意：从键盘输入整数或实数等数值型数据时，输入的数据之间必须用空格、回车符、制表符等间隔符隔开；从文件输入整数或实数等数值型数据时，文件中的数据之间也必须用空格、回车符、制表符等间隔符隔开。

2. fprintf()函数

fprintf()可以理解为 printf to file。fprintf()函数与 printf()函数类似，可以将数据按格式写入到文本文件中，fprintf()函数的调用格式如下：

```
fprintf ( FILE * fp, const char * format，输出参数列表 );
```

其中，fp 是文件指针，format 是格式控制字符串，"输出参数列表"为待写入文件的数据。

函数功能：将指定内容按格式要求写入到 fp 指定的文件中。

若文件指针指向标准输出文件 stdout(一般指显示器)，则下面两个语句是等价的：

```
fprintf(stdout, "%d %d\n", x, y);
printf("%d %d\n", x, y);
```

【例 13-3】 从键盘输入以下数据：

| 1001 | QiLei | 1999 年 3 月 24 日 | 89 | 91 | 86 |
| 1002 | QianYan | 1999 年 7 月 15 日 | 94 | 91 | 92 |

保存至 F:\test3.txt 中，再从该文件读取数据到显示器中阅读。

【题目分析】本题涉及两组数据的读取：一组为人机交互时，调用 scanf()函数从键盘输入带格式的数据，调用 printf()函数在显示器中显示带格式的数据；另一组为文件的写入与读取，调用 fprintf()函数将数据按格式存入文件中，调用 fscanf()函数将数据按格式从文件中读取出来。

参考代码如下：

```
#include <stdio.h>
#include <stdlib.h>
struct date
{
    int year, month, day;
};
struct student
{
    int num;
    char name[20];
    struct date birthday;
```

```
    int score[3];
};
typedef struct student STUDENT;
int main()
{
    STUDENT stu1, stu2, stu3, stu4;
    FILE * fp;
    fp = fopen("F:\\test3.txt","a+");
    if(fp == NULL)
    {
        printf("文件打开失败！\n");
        exit(1);
    }
    printf("请从键盘输入 2 位学生的信息：\n");
    scanf("%d%s%d%d%d%d%d%d",&stu1.num, stu1.name,
        &stu1.birthday.year, &stu1.birthday.month, &stu1.birthday.day,
        &stu1.score[0], &stu1.score[1], &stu1.score[2]);
    scanf("%d%s%d%d%d%d%d%d",&stu2.num, stu2.name,
        &stu2.birthday.year, &stu2.birthday.month, &stu2.birthday.day,
        &stu2.score[0], &stu2.score[1], &stu2.score[2]);
    printf("将数据写入文件中...\n");
    fprintf(fp,"%d\t%s\t%d\t%d\t%d\t%d\t%d\t%d\n",
        stu1.num, stu1.name,
        stu1.birthday.year, stu1.birthday.month, stu1.birthday.day,
        stu1.score[0], stu1.score[1], stu1.score[2]);
    fprintf(fp,"%d\t%s\t%d\t%d\t%d\t%d\t%d\t%d\n",
        stu2.num, stu2.name,
        stu2.birthday.year, stu2.birthday.month, stu2.birthday.day,
        stu2.score[0], stu2.score[1], stu2.score[2]);
    printf("从文件中读取数据...\n");
    rewind(fp);
    fscanf(fp,"%d%s%d%d%d%d%d%d",&stu3.num, stu3.name,
        &stu3.birthday.year, &stu3.birthday.month, &stu3.birthday.day,
        &stu3.score[0], &stu3.score[1], &stu3.score[2]);
    fscanf(fp,"%d%s%d%d%d%d%d%d",&stu4.num, stu4.name,
        &stu4.birthday.year, &stu4.birthday.month, &stu4.birthday.day,
        &stu4.score[0], &stu4.score[1], &stu4.score[2]);
    printf("在显示器中显示如下：\n");
    printf("%d\t%-10s\t%d 年%d 月%d 日\t%d\t%d\t%d\n",
        stu3.num, stu3.name,
        stu3.birthday.year, stu3.birthday.month, stu3.birthday.day,
        stu3.score[0], stu3.score[1], stu3.score[2]);
    printf("%d\t%-10s\t%d 年%d 月%d 日\t%d\t%d\t%d\n",
        stu4.num, stu4.name,
        stu4.birthday.year, stu4.birthday.month, stu4.birthday.day,
        stu4.score[0], stu4.score[1], stu4.score[2]);
    fclose(fp);
    return 0;
}
```

程序的运行结果如图 13-7 所示。

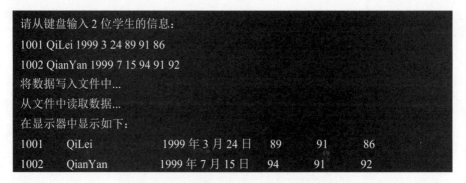

图 13-7　例 13-3 程序运行结果

F 盘 test3.txt 文件中的内容如图 13-8 所示。

图 13-8　文件内容

13.5.4　块数据读写

fread()函数与 fwrite()函数可用于二进制文件的读取与写入操作。

1. fread()函数

fread()函数可以读取文件当前位置开始的指定字节数的数据，存到指定的内存起始位置开始的空间中，函数原型如下：

```
int fread( void * buffer, int size, int n, FILE * fp);
```

其中，buffer 表示从文件读取的数据将存储在内存中的首地址，size 为一个数据块的字节数，n 为数据块的数量，fp 为文件指针。

函数功能：从 fp 指定的文件的当前位置开始，连续读取 n*size 个字节的内容存入 buffer 地址开始的内存空间中，该函数的返回值是实际读取文件的数据块个数。

2. fwrite()函数

fwrite()函数可以将指定起始位置开始的指定字节数的内容直接写入到文件指针指向的文件中，函数原型如下：

```
int fwrite( const void * buffer, int size, int n, FILE * fp);
```

其中，buffer 表示将写入文件的数据在内存中的首地址，size 为一个数据块的字节数，n 为数据块的数量，fp 为文件指针。

函数功能：从内存的 buffer 地址开始，将连续的 n*size 个字节的内容原样复制到文件指针 fp 指定的文件中，该函数的返回值是实际写入文件的数据块个数。

【例 13-4】　从键盘输入以下数据：

268

| 1001 | QiLei | 1999 年 3 月 24 日 | 89 | 91 | 86 |
| 1002 | QianYan | 1999 年 7 月 15 日 | 94 | 91 | 92 |

保存至 F:\test4.txt 中，再从该文件读取数据到显示器中阅读。

【题目分析】本题涉及两组数据的读取：一组为人机交互时，调用 scanf()函数从键盘输入带格式的数据，调用 printf()函数在显示器中显示带格式的数据；另一组为文件的写入与读取，调用 fwrite()函数将数据存入二进制文件中，调用 fread()函数将数据从二进制文件中读取出来。

参考代码如下：

```c
#include <stdio.h>
#include <stdlib.h>
struct date
{
    int year, month, day;
};
struct student
{
    int num;
    char name[20];
    struct date birthday;
    int score[3];
};
typedef struct student STUDENT;
int main()
{
    STUDENT stu1, stu2, stu3, stu4;
    FILE *fpIn, *fpOut;
    fpIn = fopen("F:\\test4.txt","w");
    if(fpIn == NULL)
    {
        printf("文件打开失败！\n");
        exit(1);
    }
    printf("请从键盘输入2位学生的信息：\n");
    scanf("%d%s%d%d%d%d%d%d",&stu1.num, stu1.name,
        &stu1.birthday.year, &stu1.birthday.month, &stu1.birthday.day,
        &stu1.score[0], &stu1.score[1], &stu1.score[2]);
    scanf("%d%s%d%d%d%d%d%d",&stu2.num, stu2.name,
        &stu2.birthday.year, &stu2.birthday.month, &stu2.birthday.day,
        &stu2.score[0], &stu2.score[1], &stu2.score[2]);
    printf("将数据写入文件中...\n");
    fwrite( &stu1, sizeof(STUDENT), 1, fpIn);
    fwrite( &stu2, sizeof(STUDENT), 1, fpIn);
    fclose(fpIn);
    fpOut = fopen("F:\\test4.txt","r");
    if(fpOut == NULL)
    {
        printf("文件打开失败!\n");
        exit(1);
```

```
    }
    printf("从文件中读取数据...\n");
    fread( &stu3, sizeof(STUDENT), 1, fpOut);
    fread( &stu4, sizeof(STUDENT), 1, fpOut);
    printf("在显示器中显示如下：\n");
    printf("%d\t%-10s\t%d 年%d 月%d 日\t%d\t%d\t%d\n",
        stu3.num, stu3.name,
        stu3.birthday.year, stu3.birthday.month, stu3.birthday.day,
        stu3.score[0], stu3.score[1], stu3.score[2]);
    printf("%d\t%-10s\t%d 年%d 月%d 日\t%d\t%d\t%d\n",
        stu4.num, stu4.name,
        stu4.birthday.year, stu4.birthday.month, stu4.birthday.day,
        stu4.score[0], stu4.score[1], stu4.score[2]);
    fclose(fpOut);
    return 0;
}
```

程序的运行结果如图 13-9 所示。

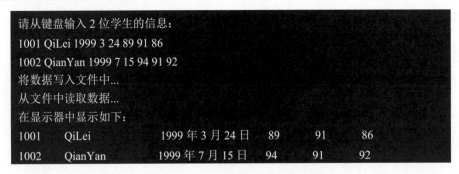

图 13-9　例 13-4 程序运行结果

F 盘 test4.txt 文件中的内容如图 13-10 所示。

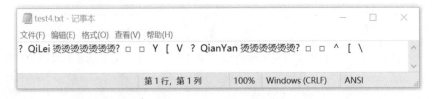

图 13-10　文件内容

【说明】文件内容如图 13-10 所示，是因为 fread()函数与 fwrite()函数是对二进制文件的读写操作，用文本文件打开将看到乱码。

本 章 小 结

本章主要讲解了 C 语言文件的相关知识。从不同的角度，C 语言文件有不同的分类，通常将文件分为文本文件与二进制文件。使用文件时，需先定义指向 FILE 类型的指针，通过打开文件操作，建立文件指针与文件的联系，借助 4 组文件读取函数 fgetc()与 fputc()、fgets()与 fputs()、fscanf()与 fprintf()、fread()与 fwrite()完成对文件数据的操作，最后关闭文件。

自 测 题

一、单选题

1. 以下叙述中不正确的是（   ）。

    A. C 语言中的文本文件以 ASCII 码形式存储数据

    B. C 语言中对二进制位的访问速度比文本文件快

    C. 在 C 语言中，随机读写方式不适用于文本文件

    D. 在 C 语言中，顺序读写方式不适用于二进制文件

2. 下面选项中关于"文件指针"概念的叙述正确的是（   ）。

    A. 文件指针是程序中用 FILE 定义的指针变量

    B. 文件指针就是文件位置指针，表示当前读写数据的位置

    C. 文件指针指向文件在计算机中的存储位置

    D. 把文件指针传给 fscanf()函数，就可以向文本文件中写入任意的字符

3. 有以下程序段：

```
FILE *fp;
if((fp=fopen("test.txt", "w")) == NULL)
{
 printf("不能打开文件! ");
 exit(1);
}
else
 printf("成功打开文件! ");
```

若指定文件 test.txt 不存在，且无其他异常，则以下叙述错误的是（   ）。

    A. 输出"不能打开文件！"   B. 输出"成功打开文件！"

    C. 系统将按指定文件名新建文件   D. 系统将为写操作建立文本文件

4. 有以下程序：

```
#include <stdio.h>
int main()
{
 FILE *f;
 f=fopen("filea.txt","w");
 fprintf(f,"abc");
 fclose(f);
 return 0;
}
```

若文本文件 filea.txt 中原有内容为 hello，则运行以上程序后，文件 filea.txt 中的内容为（   ）。

    A. helloabc   B. abclo   C. abc   D. abchello

5. 若要打开 A 盘上的 user 子目录下名为 abc.txt 的文本文件进行读、写操作，下面符合此要求的函数调用是（   ）。

A. fopen("A:\user\abc.txt","r")   B. fopen("A:\\user\\abc.txt","r+")

C. fopen("A:\user\abc.txt","rb")   D. fopen("A:\\user\\abc.txt","w")

6. 若 fp 已正确定义并指向某个文件,当未遇到该文件结束标志时函数 feof(fp)的值为( )。

     A. 0   B. 1   C. −1   D. 一个非 0 值

7. 以下叙述正确的是( )。

     A. EOF 可以作为所有文件的结束标志

     B. EOF 只能作为文本文件的结束标志,其值为-1

     C. EOF 只能作为二进制文件的结束标志

     D. 任何文件都不能用 EOF 作为文件的结束标志

8. 以下与函数 fseek(fp,0L,SEEK_SET)有相同作用的是( )。

     A. feof(fp)   B. ftell(fp)   C. fgetc(fp)   D. rewind(fp)

9. 以下叙述正确的是( )。

     A. 在 C 语言中调用 fopen()函数可以把程序中要读、写的文件与磁盘上实际的数据文件联系起来

     B. fopen()函数的调用形式为: fopen(文件名)

     C. fopen()函数的返回值为 NULL 时,表示成功打开指定的文件

     D. fopen()函数的返回值必须赋给一个任意类型的指针变量

10. 读取二进制文件的函数调用形式为:

```
fread(buffer,size,count,fp);
```

其中,buffer 代表的是( )。

     A. 一个内存块的字节数

     B. 一个整型变量,代表待读取的数据的字节数

     C. 一个文件指针,指向待读取的文件

     D. 一个内存块的首地址,代表读入数据存放的地址

11. 设有定义:

```
char c[]="Cc";
FILE *fp;
```

fp 指向以 "写文本文件" 的方式成功打开的文件,若要将 c 变量中的两个字符写入文件,且每个字符占一行,则下面的选项中正确的是( )。

     A. fprintf(fp,"%c\n%c\n",c[0],c[1]);   B. fprintf(fp,"%c\N\n%c\N\n",c[0], c[1]);

     C. fprintf(fp, "%c   %c",c[0],c[1]);   D. fprintf(fp,"%s\n",c);

12. 有以下程序:

```
#include <stdio.h>
#include <stdlib.h>
int main()
{
  int a[100],i;
  FILE *fp;
  for(i=0;i<20;i++)
```

```
        a[i]=rand()%100+1;
    fp=fopen("data.txt","w+b");
    fwrite(a,sizeof(int),20,fp);
    fclose(fp);
    return 0;
}
```

当程序成功打开文件并成功写入数据后，下面说法正确的是(   )。

  A. 向文件写入了 20 个 int 型数据

  B. 向文件写入了 100 个 int 型数据

  C. 向文件写入了 1 个 int 型数据

  D. 向文件写入了 20 个随机实型数据

二、填空题

1. 以下程序将磁盘中的一个文件复制到另一个文件中，两个文件名已在程序中给出，假定文件名正确，请填空。

```
#include <stdio.h>
int main()
{
    FILE *f1,*f2;
    f1=fopen("file_a.dat","r");
    f2=fopen("file_b.dat","w");
    while(_____)
        fputc(fgetc(f1),_____);
    _____;
    _____;
    return 0;
}
```

2. 有以下程序:

```
#include <stdio.h>
int main()
{
  FILE *fp; int k,n,a[6]={1,2,3,4,5,6};
  fp=fopen("d2.dat","w");
  fprintf(fp,"%d%d%d\n",a[0],a[1],a[2]);
  fprintf(fp,"%d%d%d\n",a[3],a[4],a[5]);
  fclose(fp);
  fp=fopen("d2.dat","r");
  fscanf(fp,"%d%d",&k,&n);
  printf("%d %d\n",k,n);
  fclose(fp);
  return 0;
}
```

程序运行后的输出结果是_____。

3. 有以下程序:

```
#include <stdio.h>
```

```
int main()
{
  FILE *fp;
  char str[10];
  fp=fopen("myfile.dat","w");
  fputs("abc",fp);
  fclose(fp);
  fp=fopen("myfile.dat","a+");
  fprintf(fp,"%d",28);
  rewind(fp);
  fscanf(fp,"%s",str);
  puts(str);
  fclose(fp);
  return 0;
}
```

程序运行后的输出结果是_____。

4. 有以下程序:

```
#include <stdio.h>
int main()
{
  FILE *fp;
  int i,a[6]={1,2,3,4,5,6};
  fp=fopen("d2.dat","w+");
  for(i=0;i<6;i++)
    fprintf(fp,"%d\n",a[i]);
  rewind(fp);
  for(i=0;i<6;i++)
    fscanf(fp,"%d",&a[5-i]);
  fclose(fp);
  for(i=0;i<6;i++)
    printf("%d,",a[i]);
  return 0;
}
```

程序运行后的输出结果是_____。

三、编程题

1. 请编写程序，从键盘输入字符串，以文本形式存入文件 D:\test1.txt 中，再从文件中读出数据显示在屏幕上。

2. 请编写程序，从键盘输入 6 个整数，以二进制形式存入文件 D:\test2.dat 中，再从文件中读出数据显示在屏幕上。

第 **14** 章

综合实例：学生成绩管理系统

　　本章通过"学生成绩管理系统"的设计与实现，综合运用 C 语言各章节知识，使学习者在进一步掌握 C 语言基础知识的同时，提升项目设计能力和程序控制能力。本章内容包括系统任务描述、系统结构设计、模块功能的实现与调用。

14.1 系统任务描述

对于学生成绩管理系统，需要生成或者输入学生信息，存储学生基本信息和成绩信息，并提供成绩统计和查询服务，具体需要实现以下功能：

(1) 保存学生信息、读取学生信息。

(2) 显示学生基本信息及各科成绩。

(3) 基本信息管理，包括添加、删除、修改学生信息及其成绩。

(4) 学生成绩管理，包括计算学生成绩总分、根据总分排名。

(5) 考试成绩统计，包括输出课程最高分、最低分和平均分。

(6) 根据条件查询，包括根据学号查询、根据姓名查询和根据名次查询。

(7) 随机生成学生信息及其成绩。

功能结构图如图 14-1 所示。

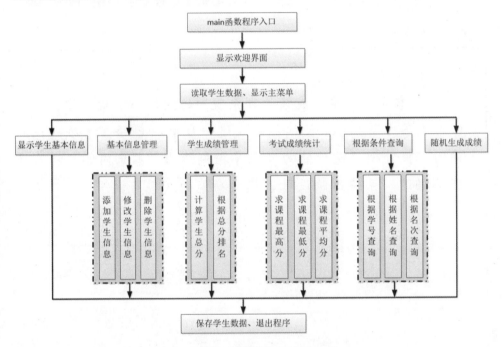

图 14-1 学生成绩管理系统功能结构图

14.2 系统结构设计

14.2.1 数据结构设计

根据系统的任务描述，列举出系统要表达的学生信息，包括学生的学号、姓名、性别、学生成绩。学生成绩可以是任意个，本章认定为语文、数学、英语 3 门课程的成绩，成绩都为整数，为了方便统计和排序，还要记录学生的总分与名次。

学生的基本信息及其对应的数据类型如表 14-1 所示。

表 14-1 学生基本信息数据结构

需要表示的信息	变 量 名	数据类型
学号	num	long
姓名	name	char[20]
性别	sex	char[2]
成绩	score	int [3]
总分	total	int
名次	rank	int

需要建立一个结构体类型来表示学生的基本信息，学生结构体定义如下：

```
struct Student
{
    long num;
    char name[20];
    char sex[2];
    int score[3];
    int total;
    int rank;
};
```

14.2.2　模块化设计

本系统要对若干个学生信息进行处理，若干个学生信息可以使用数组或者链表进行存储。这两种方式各有所长。如果记录条数不太多，插入、删除操作不太频繁，那么用结构体数组比较合适，因为有足够大的连续内存空间保证可以存放所有记录，并且数组的随机访问方式使得访问任意数组元素方便、快捷、效率高。如果记录条数非常多，并且插入、删除操作比较频繁，那么用链表结构更合适，因为该结构充分利用系统中的零散空间，每一个元素生成一个结点，可以操作的元素更多，而插入、删除操作不需要大量移动元素是链式结构的优势。本章给出的是结构体数组存储方式。

根据软件工程模块化设计理念，将系统划分为若干功能模块，每个模块实现一个功能，再将这些功能模块有效组织起来形成功能齐全的软件系统。在 C 语言中，使用函数实现各个功能模块，本系统的函数声明及其功能说明如表 14-2 所示。

表 14-2 函数声明及其功能说明

函数声明	函数功能
void welcome();	打印欢迎信息
void mainMenu();	显示系统主菜单
void baseMenu();	显示学生基本信息管理子菜单
void scoreMenu();	显示学生成绩管理子菜单
void countMenu();	显示考试成绩统计子菜单
void searchMenu();	显示根据条件查询子菜单
void showStudentInfo(Student stu[],int n);	打印所有学生的基本信息及成绩
int baseManager(Student stu[],int n);	学生基本信息管理，如果学生个数发生改变，需要通过函数值返回
void scoreManager(Student stu[],int n) ;	学生成绩管理

续表

函数声明	函数功能
void countManager(Student stu[],int n);	考试成绩统计管理
void searchManager(Student stu[],int n);	根据条件查询管理
int randStu(Student stu[],int n);	随机产生学生数据，返回学生个数
int addStudent(Student stu[],int n);	在学生数组中添加一个学生信息,通过函数值返回学生个数
int deleteStudent(Student stu[],int n);	根据学号删除学生信息,通过函数值返回学生个数
void updateStudent(Student stu[],int n);	根据学号修改学生信息
void calTotal(Student stu[],int n);	计算所有学生各科的总分
void calRank(Student stu[],int n);	计算所有学生的名次
void saveFile(Student stu[],int n);	保存学生信息到指定文件
int readFile(Student stu[]);	从指定文件中读取学生信息
void printMax(Student stu[],int n);	打印各科成绩的最高分
void printMin(Student stu[],int n);	打印各科成绩的最低分
void printAvg(Student stu[],int n);	打印各科成绩的平均分
void searchByNum(Student stu[],int n);	根据学号查找学生信息
void searchByName(Student stu[],int n);	根据姓名查找学生信息
void searchByRank(Student stu[],int n);	根据名次查找学生信息
void printByIndex(Student stu[],int index);	根据数组序号输出学生信息

主菜单与子菜单的选择操作以及函数之间的调用关系如图 14-2 所示。

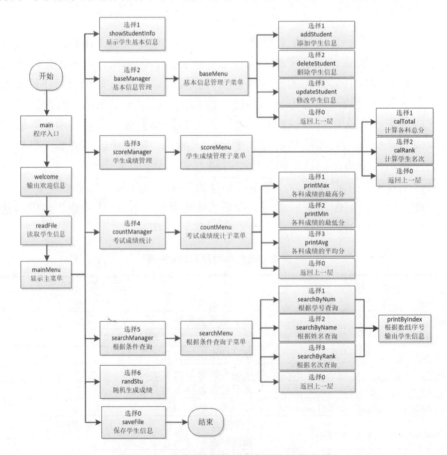

图 14-2 学生成绩管理系统函数调用关系

14.3 模块功能实现

系统所有模块函数功能的实现代码如下：

```c
#include <stdio.h>
#include <string.h>
#include <stdlib.h>

//学生结构体
struct Student
{
    long num;               //学号
    char name[20];          //姓名
    char sex[2];            //性别
    int score[3];           //3门成绩
    int total;              //总分
    int rank;               //名次
};
//函数声明
void welcome();
void mainMenu();
void baseMenu();
void scoreMenu();
void countMenu();
void searchMenu();
void showStudentInfo(Student[],int);
int baseManager(Student[],int);
void scoreManager(Student[],int) ;
void countManager(Student[],int);
void searchManager(Student[],int);
int randStu(Student[],int);
int addStudent(Student[],int);
int deleteStudent(Student[],int);
void updateStudent(Student[],int);
void calTotal(Student[],int);
void calRank(Student[],int);
void saveFile(Student[],int);
int readFile(Student[]);
void printMax(Student[],int) ;
void printMin(Student[],int) ;
void printAvg(Student[],int) ;
void searchByNum(Student[],int);
void searchByName(Student[],int);
void searchByRank(Student[],int);
void printByIndex(Student[],int);

 int main()
{
    int n = 0;
```

```
    Student stu[100];
    n = readFile(stu);
    welcome();
    while(1)
    {
        mainMenu();
        int choice;
        scanf("%d",&choice);
        if(choice == 0)
        {
            saveFile(stu,n);
            break;
        }
        else if(choice == 1)
            showStudentInfo(stu,n);
        else if(choice == 2)
            n = baseManager(stu,n);
        else if(choice == 3)
            scoreManager(stu,n);
        else if(choice == 4)
            countManager(stu,n);
        else if(choice == 5)
            searchManager(stu,n);
        else if(choice == 6)
            n = randStu(stu,5);//随机产生 5 个学生信息
    }
    return 0;
}

void welcome()
{
    printf("===============================================\n");
    printf("========== 欢迎使用 学生管理系统 ==========\n");
    printf("===============================================\n");
}
void mainMenu()
{
    printf("*********** 1.显示基本信息 ***********\n");
    printf("*********** 2.基本信息管理 ***********\n");
    printf("*********** 3.学生成绩管理 ***********\n");
    printf("*********** 4.考试成绩统计 ***********\n");
    printf("*********** 5.根据条件查询 ***********\n");
    printf("*********** 6.随机生成成绩 ***********\n");
    printf("*********** 0.退出系统     ***********\n");
    printf("请输入数字 0-6 完成选择\n");
}
void baseMenu()
{
    printf("$$$$$$$$$$$ 1.添加学生记录 $$$$$$$$$$$\n");
    printf("$$$$$$$$$$$ 2.删除学生记录 $$$$$$$$$$$\n");
    printf("$$$$$$$$$$$ 3.修改学生记录 $$$$$$$$$$$\n");
```

```c
    printf("$$$$$$$$$$ 0.返回上一层    $$$$$$$$$$\n");
    printf("请输入数字 0-3 完成选择\n");
}
void scoreMenu()
{
    printf("$$$$$$$$$$ 1.计算学生总分 $$$$$$$$$$\n");
    printf("$$$$$$$$$$ 2.根据总分排名 $$$$$$$$$$\n");
    printf("$$$$$$$$$$ 0.返回上一层    $$$$$$$$$$\n");
    printf("请输入数字 0-2 完成选择\n");
}
void countMenu()
{
    printf("$$$$$$$$$$ 1.输出课程最高分 $$$$$$$$$$\n");
    printf("$$$$$$$$$$ 2.输出课程最低分 $$$$$$$$$$\n");
    printf("$$$$$$$$$$ 3.输出课程平均分 $$$$$$$$$$\n");
    printf("$$$$$$$$$$ 0.返回上一层     $$$$$$$$$$\n");
    printf("请输入数字 0-3 完成选择\n");
}
void searchMenu()
{
    printf("$$$$$$$$$$ 1.按学号查询 $$$$$$$$$$\n");
    printf("$$$$$$$$$$ 2.按姓名查询 $$$$$$$$$$\n");
    printf("$$$$$$$$$$ 3.按名次查询 $$$$$$$$$$\n");
    printf("$$$$$$$$$$ 0.返回上一层 $$$$$$$$$$\n");
    printf("请输入数字 0-3 完成选择\n");
}
//1 显示所有学生信息
void showStudentInfo(Student stu[],int n)
{
    printf("%8s","学号");
    printf("%12s","姓名");
    printf("%8s","性别");
    printf("%8s","语文");
    printf("%8s","数学");
    printf("%8s","外语");
    printf("%8s","总分");
    printf("%8s","名次");
    printf("\n");
    for(int i=0;i<n;i++)
    {
        printf("%8ld",stu[i].num);
        //printf("%ld",(stu+i)->num);
        printf("%12s",stu[i].name);
        printf("%8s",stu[i].sex);
        printf("%8d",stu[i].score[0]);
        printf("%8d",stu[i].score[1]);
        printf("%8d",stu[i].score[2]);
        printf("%8d",stu[i].total);
        printf("%8d",stu[i].rank);
        printf("\n");
    }
```

```
        printf("\n");
}
//2 基本信息管理
int baseManager(Student stu[],int n)
{
    int ch;
    while(1)
    {
        baseMenu();
        scanf("%d",&ch);
        if(ch == 0)
            break;
        else if(ch == 1)
            n = addStudent(stu,n);
        else if(ch == 2)
            n = deleteStudent(stu,n);
        else if(ch == 3)
            updateStudent(stu,n);
    }
    return n;
}
//3 学生成绩管理
void scoreManager(Student stu[],int n)
{
    int ch;
    while(1)
    {
        scoreMenu();
        scanf("%d",&ch);
        if(ch == 1)
            calTotal(stu,n);
        else if(ch == 2)
            calRank(stu,n);
        else if(ch == 0)
            break;
    }

}
//4 考试成绩统计
void countManager(Student stu[],int n)
{
    int ch;
    while(1)
    {
        countMenu();
        scanf("%d",&ch);
        if(ch == 0)
            break;
        else if(ch == 1)
            printMax(stu,n);
        else if(ch == 2)
```

```
            printMin(stu,n);
        else if(ch == 3)
            printAvg(stu,n);
    }
}
//5 根据条件查询
void searchManager(Student stu[],int n)
{
    int ch;
    while(1)
    {
        searchMenu();
        scanf("%d",&ch);
        if(ch == 0)
            break;
        else if(ch == 1)
            searchByNum(stu,n);
        else if(ch == 2)
            searchByName(stu,n);
        else if(ch == 3)
            searchByRank(stu,n);
    }
}
//6 随机生成成绩
int randStu(Student stu[],int n )
{
    int i;
    for(i=0;i<n;i++)
    {
        stu[i].num = 101+i;
        stu[i].name[0] = rand()%26 + 'A';
        stu[i].name[1] = rand()%26 + 'A';
        stu[i].name[2] = rand()%26 + 'A';
        stu[i].name[3] = rand()%26 + 'A';
        stu[i].name[4] = '\0';
        strcpy(stu[i].sex, rand()%2==0?"男":"女");
        stu[i].score[0] = rand()%101;
        stu[i].score[1] = rand()%101;
        stu[i].score[2] = rand()%101;
        stu[i].total = 0;
        stu[i].rank = 0;
    }
    return i;
}
//2-1 添加学生记录
int addStudent(Student stu[],int n)
{
    //创建一个学生信息
    Student s;
    printf("请依次输入学生的学号 姓名 性别 语文成绩 数学成绩 英语成绩\n");
    scanf("%ld%s%s%d%d%d",&s.num,s.name,s.sex,s.score,s.score+1,s.score+2);
```

```
        s.rank = 0;
        s.total = 0;
        //判断学生是否已经存在
        for(int i=0;i<n;i++)
        {
            if(s.num == stu[i].num)
            {
                printf("添加失败 学号重复! \n");
                return n;
            }
        }
        //添加进学生数组
        stu[n] = s;
        printf("添加成功\n");
        //返回个数+1
        return n+1;
}
//2-2 删除学生记录
int deleteStudent(Student stu[],int n)
{
        printf("请输入要删除的学生学号：\n");
        long num ;
        scanf("%ld",&num);
        int index = -1;//学号所在下标
        //循环找到学号所在的下标值
        for(int i=0;i<n;i++)
        {
            if(num == stu[i].num)
            {
                index = i;
                break;
            }
        }
        //没有找到
        if(index == -1)
        {
            printf("删除失败 学号不存在! \n");
            return n;
        }
        //从 index 后一个开始，所有元素前移一个位置
        for(int i=index+1;i<n;i++)
        {
            stu[i-1] = stu[i];
        }
        printf("删除成功\n");
        //数量减1
        return n-1;
}
//2-3 修改学生记录
void updateStudent(Student stu[],int n)
{
```

```
    //1.输入学号
    printf(" 请输入要修改的学生学号\n  ");
    long num;
    scanf("%d" ,&num);
    //2.根据学号找到这个学生的数组下标，index
    int index = -1;
    for(int i=0;i<n;i++)
    {
        if(stu[i].num == num)
        {
            index = i;
            break;
        }
    }
    //3.学号不存在
    if(index == -1)
    {
        printf("修改失败 学号不存在\n");
        return;
    }
    //4.从控制台接收学生信息，进行修改
    printf("请输入修改后的学生信息：姓名 性别 语文成绩 数学成绩 英语成绩\n");
    scanf("%s%s%d%d%d",stu[index].name,&stu[index].sex,stu[index].score,
stu[index].score+1,stu[index].score+2);//重难点
    printf("修改成功\n");
}
//3-1 计算总分
void calTotal(Student stu[],int n)
{
    for(int i=0;i<n;i++)
    {
        stu[i].total = stu[i].score[0]+stu[i].score[1]+stu[i].score[2];
    }
    printf("完成计算总分\n");
}
//3-2 根据总分排名
void calRank(Student stu[],int n)
{
    Student s;
    //1 排序
    for(int i=0;i<n;i++)
    {
        for(int j=0;j<n-1-i;j++)
        {
            if(stu[j].total < stu[j+1].total)
            {
                s = stu[j];
                stu[j] = stu[j+1];
                stu[j+1] = s;
            }
        }
```

```
    }
    //2 名次
    stu[0].rank = 1;
    for(int i=1;i<n;i++)
    {
        //总分相同，名次相同
        if(stu[i].total == stu[i-1].total)
            stu[i].rank = stu[i-1].rank;
        else
            stu[i].rank = i+1;
    }
    printf("完成排名\n");
}
//将 n 个学生保存到文件中
void saveFile(Student stu[],int n)
{
    FILE *fp;
    fp =  fopen("d:\\stu.txt","wb");
    if(fp == 0)
    {
        printf("文件不存在\n");
        return ;
    }
    for(int i=0;i<n;i++)
    {
        fwrite(&stu[i],sizeof(Student),1,fp);
    }
    fclose(fp);
    printf("保存成功\n");
}
//读文件
int readFile(Student stu[])
{
    int i;
    FILE *fp;
    fp =  fopen("d:\\stu.txt","rb");
    if(fp == 0)
    {
        printf("文件不存在\n");
        return 0;
    }
    for(i=0; ;i++)
    {
        fread(&stu[i],sizeof(Student),1,fp);
        if(feof(fp))
            break;
    }
    fclose(fp);
    return i;
}
//4-1 输出各课程的最高分
```

```
void printMax(Student stu[],int n)
{
    int i;
    int max = stu[0].score[0];
    for(i=1;i<n;i++)
    {
        if(stu[i].score[0]>max)
            max = stu[i].score[0];
    }
    printf("语文最高分是%d 分\n",max);

    max = stu[0].score[1];
    for(i=1;i<n;i++)
    {
        if(stu[i].score[1]>max)
            max = stu[i].score[1];
    }
    printf("数学最高分是%d 分\n",max);

    max = stu[0].score[2];
    for(i=1;i<n;i++)
    {
        if(stu[i].score[2]>max)
            max = stu[i].score[2];
    }
    printf("英语最高分是%d 分\n",max);

}
//4-2 输出各课程的最低分
void printMin(Student stu[],int n)
{
    int i;
    int min = stu[0].score[0];
    for(i=1;i<n;i++)
    {
        if(stu[i].score[0]<min)
            min = stu[i].score[0];
    }
    printf("语文最低分是%d 分\n",min);
    min = stu[0].score[1];
    for(i=1;i<n;i++)
    {
        if(stu[i].score[1]<min)
            min = stu[i].score[1];
    }
    printf("数学最低分是%d 分\n",min);
    min = stu[0].score[2];
    for(i=1;i<n;i++)
    {
        if(stu[i].score[2]<min)
            min = stu[i].score[2];
```

```c
    }
    printf("英语最低分是%d 分\n",min);
}
//4-3 输出各课程的平均分
void printAvg(Student stu[],int n)
{
    int i,j;

    int sum = 0;
    for(i=0;i<n;i++)
    {
        sum += stu[i].score[0];
    }
    printf("语文平均分是%.1f 分\n",(sum*1.0)/n);
    sum = 0;
    for(i=0;i<n;i++)
    {
        sum += stu[i].score[1];
    }
    printf("数学平均分是%.1f 分\n",(sum*1.0)/n);
    sum = 0;
    for(i=0;i<n;i++)
    {
        sum += stu[i].score[2];
    }
    printf("英语平均分是%.1f 分\n",(sum*1.0)/n);
}
//5-1 根据学号查找
void searchByNum(Student stu[],int n)
{
    int i;
    int index;
    long num;
    printf("请输入要查询学生的学号\n");
    scanf("%ld",&num);
    for(i=0;i<n;i++)
    {
        if(stu[i].num == num)
        {
            index = i;
            break;
        }
    }
    if(i == n)
    {
        printf("查询失败\n");
        return ;
    }
    printByIndex(stu,index);
}
//5-2 根据姓名查找
```

```c
void searchByName(Student stu[],int n)
{
    int i;
    char name[20];
    printf("请输入要查询学生的姓名\n");
    scanf("%s",name);
    //gets(name);
    for(i=0;i<n;i++)
    {
        if(strcmp(stu[i].name,name)==0)
        {
            break;
        }
    }
    if(i == n)
    {
        printf("查询失败\n");
        return ;
    }
    printByIndex(stu,i);
}
//5-3 根据名次查找
void searchByRank(Student stu[],int n)
{
    int i;
    int rank;
    printf("请输入要查询学生的名次\n");
    scanf("%d",&rank);
    for(i=0;i<n;i++)
    {
        if(stu[i].rank == rank)
        {
            break;
        }
    }
    if(i == n)
    {
        printf("查询失败\n");
        return ;
    }
    printByIndex(stu,i);
}
//根据下标输出学生信息
void printByIndex(Student stu[],int index)
{
    Student stu2[1] ;
    stu2[0] = stu[index];
    showStudentInfo(stu2,1);
}
```

14.4 系统运行结果

1. 主菜单

运行程序，程序从主函数进入，读取数据、打印欢迎信息，进入循环，不断打印主菜单进行选择操作，直到用户输入 0 时保存数据后结束程序。欢迎信息和主菜单选择项如图 14-3 所示。

2. 随机生成信息并显示

在主菜单中输入"6"后回车，随机产生若干条学生信息，再选择"1"显示产生的学生基本信息，如图 14-4 所示。

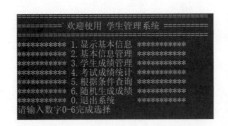

图 14-3 欢迎信息和主菜单

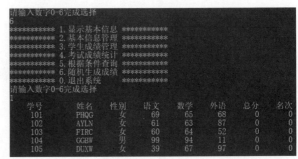

图 14-4 显示随机产生的学生信息

3. 基本信息管理

在主菜单中选择"2"进入基本信息管理模块，显示基本信息管理子菜单，如图 14-5 所示。

图 14-5 基本信息管理子菜单

继续选择"1"添加学生记录，按照提示依次输入学生的学号、姓名、性别和 3 科成绩后回车，显示"添加成功"，选择"0"返回主菜单，选择"1"显示基本信息，此时已包含刚刚添加的学生记录。添加过程如图 14-6 所示。

在基本信息管理子菜单中选择"2"删除学生记录，根据提示输入要删除的学生学号，如果学号不存在，提示"删除失败，学号不存在"；如果学号存在，则执行删除操作并提示"删除成功"，再回到主菜单显示所有学生信息，此时会发现该学生记录已被删除。删除过程如图 14-7 所示。

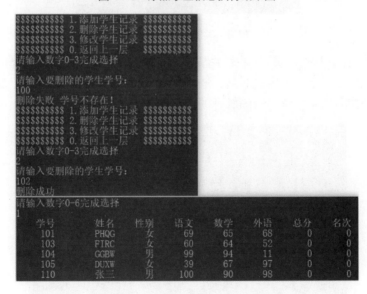

图 14-6　添加学生信息执行结果图

图 14-7　删除学生信息执行结果图

在基本信息管理子菜单中选择"3"修改学生记录，根据提示输入要修改的学生学号，如果学号不存在，提示"修改失败，学号不存在"；如果学号存在，则根据提示输入修改后的学生信息，执行修改操作并提示"修改成功"，回到主菜单显示所有学生信息，此时发现该学生信息已被修改。修改过程如图 14-8 所示。

图 14-8　修改学生信息执行结果图

4. 学生成绩管理

在主菜单中选择"3"进入学生成绩管理模块，显示学生成绩管理子菜单，如图 14-9 所示。

图 14-9　学生成绩管理子菜单

选择"1"，计算学生总分，完成后提示"完成计算总分"；继续选择"2"，执行总分排名操作，完成后提示"完成排名"；选择"0"返回主菜单，选择"1"显示基本信息，查看计算总分和排名结果。学生成绩管理的过程如图 14-10 所示。

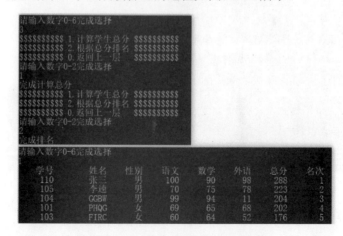

图 14-10　学生成绩管理执行结果图

5. 考试成绩统计

在主菜单中选择"4"进入考试成绩统计模块，显示考试成绩统计子菜单，如图 14-11 所示。

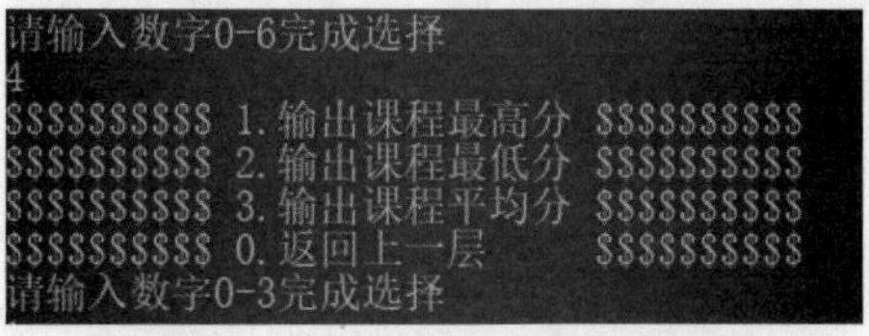

图 14-11 考试成绩统计子菜单

分别选择"1""2""3"，输出各科课程的最高分、最低分和平均分，如图 14-12 所示。

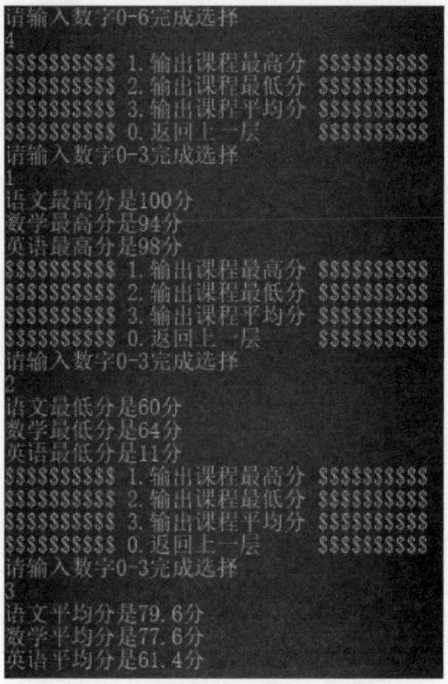

图 14-12 考试成绩统计执行结果图

6. 根据条件查询

在主菜单中选择"5"进入根据条件查询模块，显示根据条件查询子菜单，如图 14-13 所示。

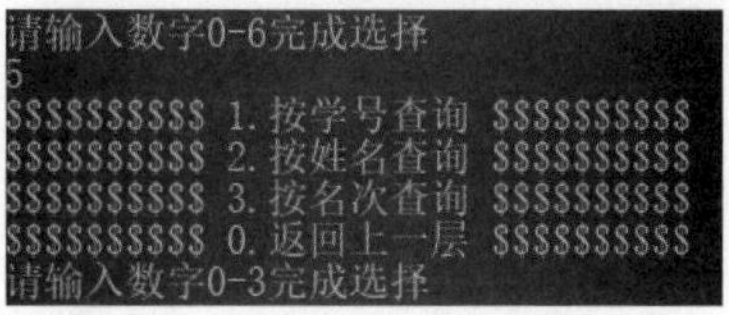

图 14-13 根据条件查询子菜单

选择"1"根据学号查询，按照提示输入要查询学生的学号，如果学号不存在，则提示"查询失败"；如果学号存在，则显示该学生的基本信息。根据学号查询的执行结果如图 14-14 所示。

图 14-14　根据学号查询执行结果图

　　选择"2"根据姓名查询和选择"3"根据名次查询的执行结果类似于根据学号查询。系统功能都执行完成后选择"0"退出程序，程序结束前执行保存信息操作，下次打开应用程序时，所显示的学生信息正是上次程序结束前所维护的数据。

附录一 常用字符与 ASCII 代码对照表

ASCII 码	控制字符	ASCII 码	字符	ASCII 码	字符	ASCII 码	字符
0	NUL	32	(space)	64	@	96	、
1	SOH	33	!	65	A	97	a
2	STX	34	"	66	B	98	b
3	ETX	35	#	67	C	99	c
4	EOT	36	$	68	D	100	d
5	END	37	%	69	E	101	e
6	ACK	38	&	70	F	102	f
7	BEL	39	'	71	G	103	g
8	BS	40	(	72	H	104	h
9	HT	41	)	73	I	105	i
10	LF	42	*	74	J	106	j
11	VT	43	+	75	K	107	k
12	FF	44	,	76	L	108	l
13	CR	45	–	77	M	109	m
14	SO	46	。	78	N	110	n
15	SI	47	/	79	O	111	o
16	DLE	48	0	80	P	112	p
17	DC1	49	1	81	Q	113	q
18	DC2	50	2	82	R	114	r
19	DC3	51	3	83	S	115	s
20	DC4	52	4	84	T	116	t
21	NAK	53	5	85	U	117	u
22	SYN	54	6	86	V	118	v
23	ETB	55	7	87	W	119	w
24	CAN	56	8	88	X	120	x
25	EM	57	9	89	Y	121	y
26	SUB	58	:	90	Z	122	z
27	ESC	59	;	91	[	123	{
28	FS	60	<	92	\	124		
29	GS	61	=	93	]	125	}
30	RS	62	>	94	A	126	~
31	US	63	?	95	_	127	DEL

注：附录 A 给出了 0～127 的标准 ASCII 值及其对应的字符。

附录二　C 语言运算符的优先级和结合性

优先级	运算符	含　义	运算对象个数	结合性
1	()	圆括号，最高优先级		自左至右
	[ ]	下标运算符		
	->	指向结构体或共用体成员运算符		
	.	引用结构体或共用体成员运算符		
2	!	逻辑非	1(单目运算符)	自右至左
	～	按位取反		
	++	自增运算符		
	--	自减运算符		
	-	负号运算符		
	(数据类型)	强制类型转换		
	*	指针运算符		
	&	取地址运算符		
	sizeof	长度运算符		
3	*	乘法运算符	2 (双目运算符)	自左至右
	/	除法运算符		
	%	求余运算符		
4	+	加法		
	-	减法		
5	<<	左移位运算符		
	>>	右移位运算符		
6	<、<=、>、>=	关系运算符		
7	==	等于		
8	!=	不等于		
	&	按位与		
9	^	按位异或		
10	|	按位或		
11	&&	逻辑与		
12	||	逻辑或		
13	?:	条件运算符	3 (三目运算符)	自右至左
14	=、+=、-=、*=、/=、%=、>>=、<<=、&=、|=、^=	赋值运算符	2 (双目运算符)	自右至左
15	,	逗号运算符		自左至右

附录三　C语言中的关键字及含义

由 ANSI 标准推荐的 C 语言关键字共有 32 个。根据关键字的作用，可分为数据类型关键字、控制语句关键字、存储类型关键字和其他关键字四类。

类　别	序号	关键字	说　明
数据类型关键字(12)	1	char	声明字符型变量或函数
	2	double	声明双精度变量或函数
	3	enum	声明枚举类型
	4	float	声明浮点型变量或函数
	5	int	声明整型变量或函数
	6	long	声明长整型变量或函数
	7	short	声明短整型变量或函数
	8	signed	声明有符号类型变量或函数
	9	struct	声明结构体变量或函数
	10	union	声明共用体(联合)数据类型
	11	unsigned	声明无符号类型变量或函数
	12	void	声明函数无返回值或无参数，声明无类型指针
控制语句关键字(12)	13	for	一种循环语句
	14	do	循环语句的循环体
	15	while	循环语句的循环条件
	16	break	跳出当前循环
	17	continue	结束当前循环，开始下一轮循环
	18	if	条件语句
	19	else	条件语句否定分支(与 if 连用)
	20	goto	无条件跳转语句
	21	switch	开关语句
	22	case	开关语句分支
	23	default	开关语句中的"其他"分支
	24	return	函数返回语句
存储类型关键字(4)	25	auto	声明自动变量(一般省略)
	26	extern	声明变量是在其他文件中声明(也可以看作是引用变量)
	27	register	声明寄存器变量
	28	static	声明静态变量
其他关键字(4)	29	const	声明只读变量
	30	sizeof	计算数据类型长度
	31	typedef	用以给数据类型取别名
	32	volatile	说明变量在程序执行中可被隐含地改变

参 考 文 献

[1]　谭浩强. C 语言程序设计[M]. 5 版. 北京：清华大学出版社，2017.

[2]　常中华. C 语言程序设计实例教程(慕课版)[M]. 北京：人民邮电出版社，2017.

[3]　田淑清. 全国计算机等级考试二级教程 C 语言程序设计(2019 年版)[M]. 北京：高等教育出版社，2018.

[4]　朱立华. C 语言程序设计[M]. 2 版. 北京：人民邮电出版社，2014.